Waldemar Koch Aus den Lebenserinnerungen eines Wirtschaftsingenieurs

Aus den Lebenserinnerungen eines Wirtschaftsingenieurs

von

PROFESSOR WALDEMAR KOCH
Dr. phil., Dr.-Ing. habil., Dr. oec. h.c.

WESTDEUTSCHER VERLAG · KÖLN UND OPLADEN

ISBN 978-3-663-06180-9 ISBN 978-3-663-07093-1 (eBook)
DOI 10.1007/978-3-663-07093-1

Verlags-Nr. 021 040

Softcover reprint of the hardcover 1st edition 1962
Gesamtherstellung: Gerhard Stalling AG, Oldenburg (Oldb)

Inhalt

1. Einleitung

Was formt den Menschen? Sind es die Gene, die Erbanlage, das von den Vorfahren Ererbte? Oder ist es die Umwelt, in der ein Mensch aufwächst, in der er Tausende von Dingen sieht, in der er Erfahrungen sammelt und in der Regel eine Schulung in einer bestimmten Richtung, in einem Berufe erfährt? Wahrscheinlich wirken sich beide Faktoren aus. Das zu ergründen ist Sache der Biologen und Soziologen, zu denen ich nicht gehöre. Hier soll vielmehr eine Darstellung des Verlaufes der ersten acht Jahrzehnte meines Lebens gegeben werden. Diese Jahre liegen zeitlich in einem für Deutschland schicksalhaften Abschnitt, räumlich in verschiedenen Erdteilen und Ländern, sachlich auf sehr unterschiedlichen Arbeitsgebieten, wie denen des Betriebswirtschaftlers, des Ingenieurs, des Unternehmungsleiters, des freiberuflichen Wirtschaftsprüfers und dem des Hochschullehrers der Betriebswirtschaftslehre. Daneben aber beanspruchten mich zeitweise soldatische Pflichten und schließlich die Politik. So hat sich ein sehr vielseitiges Leben ergeben.

Dabei ist es aber nicht immer leicht, eine sowohl zeitlich wie sachlich übersichtliche Darstellung meines Lebens zu geben, denn das letztere ist keineswegs geradlinig verlaufen. In der folgenden Schilderung habe ich im ganzen das sachlich Zusammengehörige aufeinanderfolgen lassen. Das brachte es dann aber mit sich, daß der chronologische Verlauf nicht immer innegehalten werden konnte. So folgte meine dreijährige selbständige Weltreise einer vorherigen mehrjährigen Tätigkeit in der Zentralverwaltung und in allen Betriebsstätten der AEG in Berlin. Auf die Weltreise folgte wieder eine mehrjährige Tätigkeit in der Zentrale der AEG, hierauf eine solche für die AEG als Leiter ihrer Verkaufsgesellschaft in England, die durch den ersten Weltkrieg ein Ende nahm. Aber bis 1961 saß ich im Aufsichtsrat der AEG. Dazwischen liegt insbesondere meine Hochschultätigkeit bis zur Emeritierung. So ergibt sich die Gestaltung meines Lebens, seine Struktur und seine Buntheit aus der folgenden Darstellung selbst.

Wie andere Lebenserinnerungen sind diese nicht etwa ein Rezept für eine zum Gipfel führende Gestaltung der Laufbahn. Wohl aber mögen sie dem mancherlei Anregungen geben, der noch in dieser Laufbahn steht, und der hier sieht, wohin sie führen kann.

2. *Jugend*

Am Fuße des Burgberges in Bad Harzburg bin ich am 25. September 1880 geboren. Mein Vater, Sohn eines Holzgroßhändlers, verzog aber schon ein halbes Jahr nach meiner Geburt nach Bremerhaven, wo er Schiffsingenieur wurde und als solcher für den Norddeutschen Lloyd alle Meere befuhr. Meine Mutter, eine Ostfriesin, Marie de Boer, war die Tochter eines Kapitänes, der auf eigenem Schiffe – damals noch ein Segelschiff – Frachten in alle Länder brachte. Von ihren Brüdern war einer als Kaufmann nach den USA gegangen und dort jung gestorben. Zwei weitere Brüder waren Kapitäne, von denen der ältere schon mit 28 Jahren als Kapitän ein erfolgreicher Führer eines Schiffes war.

Bremerhaven war also meine Heimatstadt, und an der Wasserkante bin ich als ein Hanseat aufgewachsen. Bremerhaven war zwar damals nur eine Stadt von etwa 22 000 Einwohnern, doch hatte es einen besonderen Charakter. Stolz nannte es sich eine „Vorstadt von Amerika". Jeder Bremerhavener hatte dorthin Beziehungen. Als ich später selbst in den USA war, las ich zufällig in der „New Yorker Staatszeitung" eine Einladung zu einer Veranstaltung des „Vereins der Bremerhavener".

Bremerhaven war eine bremische Enklave innerhalb Preußens. Als die Handelsschiffe immer größer wurden, einen wachsenden Tiefgang hatten und nicht mehr die Stadt Bremen erreichen konnten, entschloß sich der Staat Bremen, dem Meere entgegenzukommen. Er errichtete 62 km weserabwärts die Stadt Bremerhaven, die in ihren Häfen die einlaufenden Ozeanschiffe aufnahm und sie beladen wieder entließ. Vor allem war Bremerhaven der Ausgangspunkt der überseeischen Passagierschiffahrt nach Nord- und Südamerika, nach Ostasien und Australien. Die Einwohner Bremerhavens waren daher weitgehend mit der Seefahrt verbunden, sei es, daß sie als Kapitäne, Schiffsoffiziere, Schiffsingenieure, Matrosen usw. zur See fuhren, sei es, daß sie Kaufleute, Exporteure, Ship-Chandler oder auch Schiffbauer waren.

Zwischen den Deichen der Weser und der Geeste, den Häfen, den Schiffen und den großen Lagerplätzen und Schuppen trieben wir Jungen uns herum, kannten die großen deutschen Dampfer, gingen aber manchmal auch auf ausländische Schiffe, um Briefmarken zu ergattern, wenn unsere Sprachkenntnisse oder Sprachtalente dazu ausreichten. Wer konnte, trieb sich auf dem väterlichen Schiffe herum, wenn dieses zwischen zwei Reisen einige Tage im Heimathafen verbrachte. So wuchs ich in großer Ungebundenheit auf und behauptete mich zwischen den zufälligen oder auch herangeholten Gegnern. Die Fronten lagen straßenweise zwischen den Schülern des Gymnasiums und der Volksschule. Gelegentlich wurde seitens der Gruppen für einen Nachmittag, an dem ich zu haben war, eine Schlacht verabredet und ich als bewährter Kämpfer entliehen. Einmal besorgte sich die Gegenpartei aber einen Schmiedelehrling, der mit seinem Knüppel durch einen gewaltigen Schlag mir das linke Ohr spaltete und damit die Schlacht entschied. Leider mißlang mein Versuch, diese Blessur zu Hause zu verschweigen, allerdings erst nach der unter Schmerzen verbrachten Nacht, als meine Mutter mich schulfertig machte.

Meine um zwei Jahre ältere Schwester übte keinen großen Einfluß auf mich aus. Andererseits war Objekt meiner ersten Erziehungsversuche mein um neun Jahre jüngerer Bruder. Dabei kam es mir in erster Linie oder ausschließlich darauf an, ihn „gegen Gefahren zu stählen". Ich erinnere mich, daß ich mit ihm auf dem Rücken auf dem Pierhead des Alten Hafens hinunterkletterte, dort wo die Geeste in die Weser mündete. Hier, wo der Ebbestrom gurgelnd dahinschoß, mußte er auf den Balken balancieren üben von einem bis zum nächsten Ausstieg, ich Schritt für Schritt hinter ihm, um ihn nötigenfalls zu fangen und zu halten! Natürlich wären wir beide umgekommen, wenn er ausgeglitten wäre, doch hier und anderswo ging trotz mannigfacher Unfälle und des „Gefährlichlebens" alles gut. Das Schicksal hat es gefügt, daß er später als bremischer Amtmann (Landrat) die gleichen Hafenanlagen usw. betreute. Mein Bruder hat seine berufliche Laufbahn zunächst als Regierungspräsident von Lüneburg und dann als Finanzminister von Niedersachsen beendet. Ich habe mich nur immer gewundert, daß Jungens überhaupt groß werden. Es gab damals von Januar bis Dezember keinen Monat, wo ich nicht mit Anzug in der Weser oder im Hafen gelegen habe.

Das bunte romantische Leben erstreckte sich bei mir aber bis in die Wohnung hinein, indem ich in meinem Zimmer im unteren Dachgeschoß eine exotische Waffensammlung aufbaute. Mein Vater brachte u. a. aus Südamerika indianische Steinbeile mit. Mein Onkel Fritz, der sich mit seinem Schiffe offenbar in Indonesien herumtrieb, schickte von dort die schönsten Lanzen mit feinstem Flechtwerk und mit tödlich vergifteten Spitzen, desgleichen Bogen und Pfeile, ebenfalls mit echt giftigen Spitzen. Mit dem Bogen konnte ich auch in die Feldmark gehen und schießen, soweit meine Kräfte zum Spannen reichten. So gingen an der Wasserkante die Gedanken und die Beziehungen schon früh in die weiteste Ferne.

Das geistige Leben Bremerhavens war dagegen, jedenfalls zu meiner Zeit, nicht allzu beschwingt. Es gab zwar ein Gymnasium, ein Realprogymnasium, eine private höhere Mädchenschule; Volksschulen, die — etwas besonderes — für Jungens englischen Unterricht lieferten, sowie ein Technikum für die angehenden Schiffsingenieure. Im benachbarten Geestemünde, das heute in die Stadt Bremerhaven aufgegangen ist, war und ist wohl noch heute eine Navigationsschule, auf der Steuerleute und Kapitäne — „Schiffer auf großer Fahrt" — ausgebildet wurden. Daß aber keine Regel ohne Ausnahme gilt, zeigte das etwas ländliche, benachbarte und später eingemeindete Lehe, in dem der spätere Nobelpreisträger, der Biologe Butenand, aufwuchs.

In der Schule habe ich nun keineswegs geglänzt. Mein Betragen ließ viel zu wünschen übrig. Im Klassenbuch mußte mir ein Zusatzfach eingerichtet werden, um alle Tadel verbuchen zu können. Auch meine Leistungen waren sehr wechselnd. Wohl lieferte ich meine schriftlichen Arbeiten, sah aber nicht ein, daß es auch mündliche Aufgaben gab, die eine häusliche Vorbereitung verlangten. Diese glaubte ich spielend machen zu können. Im ganzen langte es immerhin, um niemals „sitzen zu bleiben". So schwankte mein Bild in der Geschichte der Klasse. Einmal hatte ich mich als Quintaner in der Turnstunde gegenüber meinem Lehrer Friedrichs, den wir nicht respektierten, weil er nur seminaristisch gebildet war und als einziger Lehrer in seiner Freizeit Pfeife rauchte, besonders ungezogen benommen. Friedrichs forderte mich auf, mit ihm nach oben in die Sexta zu kommen, deren Klassenlehrer er war. Ich nahm an, daß ich nun eine besondere Portion Dresche bekommen würde, doch kam es ganz anders. Der alte Friedrichs redete mir nur ins Gewissen, sagte mir, dem Quintaner, daß ich sogar ein berühmter Mann werden könne, wenn ich nur lernen würde. Leider prallte dies völlig bei mir ab. In Quarta kam es dann soweit, daß mein Ordinarius, Prof. Vogel, meine Mutter aufsuchte und ihr erklärte, daß ich sitzenbleiben würde, wenn ich nicht Nachhilfeunterricht bekäme. Meine Mutter empfand diesen Besuch als tiefe Schande. Auf das Geldliche spielte bei unseren beschränkten Verhältnissen eine Rolle. Hier wurde auf Drängen von Onkel Fritz de Boer, der mit seinem Schiff im Hafen lag und wie so oft zu Rate gezogen wurde, entschieden, daß ich die Kosten aus meiner Sparkasse bezahlen sollte. So geschah es auch, und ich lernte nun endlich bei Prof. Werner regelmäßig zu arbeiten.

Gymnasium und Realgymnasium hatten bei uns bis Quarta einen gemeinsamen Unterbau; von da ab folgte einerseits ein Prorealgymnasium mit je einer Klasse für Unter- und Obertertia und Unter- und Obersekunda. Primen waren hier nicht vorhanden. Dagegen führte das Gymnasium über weitere 6 Jahre bis zum Maturum. Eine gewisse Tradition oder praktische Erwägungen führten nun dahin, daß die schwächeren Schüler und diejenigen, die nach Erlangen des „Einjährigen", d. h. der Reife für die Obersekunda, abzugehen beabsichtigten, zur „Realschule" abschwenkten, die besser begabten oder die ehrgeizigeren dagegen weiter die gymnasiale Richtung verfolgten. Meine Berufswahl war damals noch keineswegs erfolgt, doch entschieden meine Eltern, wohl unter dem Eindruck der schlechten Quarta-Nachrichten, sich für die Realschule. Das war verständlich, aber retrospektiv gesehen doch eine falsche Entscheidung. In Untertertia war ich auf diese Weise beim Eintritt Primus, im Herbst allerdings wieder der Vierte von unten!

Von da ab besserte ich mich allerdings, und von Sekunda ab kämpften die gleichen Drei um die drei ersten Plätze. Dabei ist es nicht uninteressant, den weiteren Verlauf zu erwähnen, soweit er mir bekanntgeworden ist. Primus war immer der gleiche Schüler, ein Junge, nach meinem Eindruck so klug, daß es wahnwitzig war, sich einzubilden, daß man seinen Platz erringen konnte. Er ging mit dem „Einjährigen", d. h. mittlerer Reife, ab und ist dann mittlerer Postbeamter geworden. Der Zweite, mit dem ich auf dem zweiten Platz alternierte, wurde mittlerer Verwaltungsbeamter. Ich selbst besuchte noch die Obersekunda weiter, wo ich einen Unterricht erhielt, dessen Mangelhaftigkeit ich erst richtig erkannte, als ich mich später in Berlin mit zwei Berliner Studenten, Abiturienten dortiger Gymnasien, gemeinsam auf das Vorexamen an der Technischen Hochschule Berlin-Charlottenburg vorbereitete. Beide waren mir gerade in den Schulfächern einschließlich der in der Hochschule stark betriebenen Mathematik weit voraus. Mit dem einen, Ulrich Spilling, traf ich später noch in Pittsburg (USA) zusammen, hörte auch von ihm noch aus Mexiko, seitdem nicht mehr. Der zweite, Deubner, ein Balte, der zunächst technischer Referendar wurde, ist im ersten Weltkrieg gefallen.

Der Ruf, den ich in Bremerhaven auf der Schule hinterließ, war wohl zwiespältig. Er wurde mir durch meinen Bruder überliefert, den man beim Eintritt in eine neue Klasse fragte: „Bist du ein Bruder von Waldemar Koch? Dann wollen wir hoffen, daß du ein ebenso guter Schüler sein wirst." Andererseits besagte mein Reifezeugnis für die Prima: „Betragen mangelhaft. W. erhielt vier Stunden Karzer."

3. *Praktikum*

Mein Studium begann ich im Wintersemester 1900/01 an der damals Kgl. Technischen Hochschule zu Berlin in Charlottenburg. Meine Schulzeit an der Oberschule einschließlich Obersekunda hatte ich schon Ostern 1897 beendet. Dazwischen lagen also $3^1/_2$ Jahre. Von ihnen entfielen $2^1/_2$ Jahre auf ein Praktikum bei der Schiffswerft und Maschinenfabrik Georg Seebeck in Geestemünde, ein heute noch als Seebeckwerft existierender Teilbetrieb der A.G. Weser, Bremen. Ihre Spezialität war und ist der Bau von Fischdampfern, nicht auf Helgen, sondern im Dock. Die relative zeitliche Länge meines Praktikums hing damit zusammen, daß ich damals daran dachte, Ingenieur in der Kaiserlichen Marine zu werden, was ein zweijähriges Praktikum bedingte, das ich mit 16 Jahren begann. Alch ich mich nun im Frühjahr 1899 bei der Marine zum Eintritt meldete, war ich also 18 Jahre alt. Kein Wunder, daß meine Brustbreite noch nicht genügte. Ich mußte also noch ein halbes Jahr warten, um das dann das Praktikum verlängert wurde.

Dieses Praktikum war eine angenehme Abwechslung gegenüber dem Schulbetrieb, und ich kann sagen, daß vom Augenblick ab, wo ich das Realgymnasium verließ, ich überfleißig war und blieb. Mein Dienst begann morgens um 6 Uhr im Nachbarort Geestemünde. Er bedingte also einen Weg, der durch die Mittagspause von – wenn ich mich recht erinnere, nur $1^1/_2$ Stunden – viermal am Tage anfiel und daher stark ins Gewicht fiel. Die tägliche Nettoarbeitszeit in der Werkstatt betrug damals noch allgemein 10 Stunden. Damit war der Arbeitstag aber noch nicht einmal zu Ende. Jetzt folgte noch der Unterricht im Abend-Technikum von 8 bis 10 Uhr, wie man damals rechnete. Dieser theoretische und zeichnerische Unterricht war aber höchst erfreulich und fruchtbar. Alles in allem ergab sich aber eine erhebliche Überlastung, die aber von mir gern hingenommen wurde.

Im Werk war ich nacheinander in der Eisengießerei, der Modelltischlerei, der Maschinenbauschlosserei und der Montage beschäftigt. Ich nahm mir aber später, nachdem der Maschinenbau nach Bremerhaven verlegt wurde, um mit der Werft räumlich vereinigt zu werden, die Freiheit, morgens zunächst einen Rundgang durch alle Werksteile zu machen, um zu verfolgen, was an Arbeiten vor sich ging. Das war zwar nicht programmäßig, stieß aber nicht auf Schwierigkeiten und war für mich sehr lehrreich, da ich so einen Gesamtüberblick gewann. Die Einschätzung meiner Leistungen war offenbar befriedigend, denn bei starker Beschäftigung, wie bei Montagen an Bord, unterstellte man mir zeitweise junge Gesellen. Auch eignete ich mir gelegentlich komplizierte Arbeiten, wie den Bau von Regulatoren u. a., ohne Auftrag einfach an, übrigens ein Beweis, daß die Arbeitsvorbereitung dort noch primitiv war.

Meine Praktikantenausbildung war daher eine recht ausgedehnte, und ich war dadurch und durch das Abendtechnikum meinen konsemestrigen Kommilitonen an der Technischen Hochschule in dieser Hinsicht voraus. „Koch kann sich mit den Assistenten unterhalten!“ Ich bin aber keineswegs der Anhänger eines langen Praktikums. Als ich mich 1930 an der TH Berlin habilitierte, nachdem ich inzwischen verschiedene industrielle Unternehmen geleitet hatte, habe ich sehr bald unter Prof. Prion ein Praktikantenamt für angehende Wirtschaftsingenieure eingerichtet.

Damals sah die Studienordnung für diese noch ein Praktikum von 18 Monaten vor, davon mindestens 12 Monate in der Werkstatt und sechs Monate in den kaufmännischen Abteilungen. Dies schien mir zeitlich eine zu reichliche Belastung zu sein. Wichtiger schien es mir zu sein, daß der durchgebildete Wirtschaftsingenieur nun möglichst bald in die Praxis gelangte. Sechs Monate Tätigkeit nach Erwerb des Dipl.-Ing. scheinen mir fruchtbarer zu sein als zusätzliche 6 Monate Praktikantentätigkeit vor und während des Studiums. Ich veranlaßte daher eine gemeinsame Besprechung mit den für die Leitung der Praktikantenämter der übrigen Fakultäten (Prof. Hanner, Maschinenbau, Prof. Siegmund Müller, Bauingenieurwesen, ferner Geheimrat Franz und Prof. Prion), wobei ich feststellte, daß auch dort vor einer Überschätzung des langen Praktikums gewarnt wurde. Ich habe es dann durchgesetzt, daß die Pflichtzeit des Praktikums für die angehenden Wirtschaftsingenieure auf 12 Monate, davon mindestens sechs Monate Werkstattpraxis und sechs Monate kaufmännische Praxis verkürzt wurden, wovon sechs Monate in den Ferien abgelegt werden durften.

Andererseits habe ich den Wirkungsgrad des Praktikums dadurch zu intensivieren versucht, daß bei der Meldung zur Vorprüfung die Vorlage eines Berichts über die Praktikantentätigkeit obligatorisch wurde. Das führte dazu, daß von da ab recht gute Berichte eingeliefert wurden, die nicht nur Rechenschaft über die geleisteten Arbeiten ablegten, sondern auch über die Einordnung der Arbeit in den Betriebsablauf durch Beifügung der zugehörigen Formulare. Dadurch wurde vom Praktikant ein Gesamtüberblick gewonnen oder doch verbessert.

Ein weiteres Jahr (Oktober 1899 bis Oktober 1900) war bei mir durch Ableistung des Einjährigen-Jahres vor dem Studium ausgefüllt. Darauf komme ich später geschlossen in dem Abschnitt „Soldat“ (S. 90) zurück.

4. Student an der Kgl. Technischen Hochschule zu Berlin

a) Wahl der Studienrichtung

In vielleicht den meisten Fällen liegt beim Beginn des Studiums an einer Hochschule die Studienrichtung von vornherein eindeutig fest. Nicht so bei den Gebrüdern Koch. Mein Bruder studierte zuerst ein oder zwei Semester Medizin an der Militärärztlichen Akademie und an der Universität in Berlin, ging dann aber nach Freiburg, um an der dortigen Universität Rechtswissenschaft zu studieren. Bei diesem Wechsel der Studienrichtung habe ich, der ich mein Studium bereits abgeschlossen hatte, ihn entschieden unterstützt. Die Entscheidung über Studienrichtung und Beruf muß bei demjenigen liegen, der seine Haut zu Markte trägt. Ich selbst war, wie geschildert, zweieinhalb Jahre Praktikant bei einer Maschinenfabrik und Schiffswerft gewesen, ferner ein Jahr Maschinistenapplikant bei der Kaiserlichen Marine. Darum ergab sich zunächst die Absicht, Schiffsmaschinenbau zu studieren, und dies wohl an der Technischen Hochschule zu Berlin, wo damals eine besondere Fakultät für Schiffs- und Schiffsmaschinenbau war. Aber der Zufall lenkte die Dinge anders. 14 Tage vor Beziehen der Hochschule (1900) kam mein Onkel Gustav Frerichs nach Bremerhaven, der in Magdeburg Fabrikationsleiter einer Maschinenfabrik war. Er sagte bei der Erörterung des zu beginnenden Studiums: „Mein Junge, heute dringt die Elektrotechnik und die Elektroindustrie mehr und mehr vor. Ich würde Elektrotechnik studieren." Dies leuchtete mir ein, und ich ließ mich im Oktober 1900 an der Fakultät für Maschinenbau immatrikulieren und legte nach vier Semestern das Vorexamen in dieser Richtung ab.

Indessen bleibt auch an einer Hochschule alles in Fluß. 1903 wurde die Studienrichtung Maschinen-Ingenieurwesen nach den ersten drei Studienjahren aufgeteilt in die Richtungen

1. Allgemeiner Maschinenbau,
2. Eisenbahnmaschinenbau,
3. Elektrotechnik,
4. Vorlesungen und Übungen zu weiterer allgemeiner Ausbildung.

In den Prüfungsbestimmungen gab es aber auch die besondere Richtung E für Verwaltungs-Ingenieure.

Jetzt gab es für mich keinen Zweifel, daß ich Industrielles Verwaltungswesen studieren würde, diese Kombination von Technik und Wirtschaft. Dafür waren besondere Bildungsmöglichkeiten schon vorher vorhanden, wie Volkswirtschaftslehre (als Ordinarius der Reichstagsvizepräsident Prof. Dr. Paasche), Honorarprofessor Dr. Warschauer, für Rechtswissenschaft der Rechtsanwalt Dr. Alexander-Koch, Privatdozent Dr. jur. Koehne, Geheimrat Franz wohl für industrielles Bauwesen usw. Sie waren schon vorher im Interesse der Studierenden verschiedener anderer Fakultäten da.

Was aber damals fehlte, war die Menge von Studierenden für diese Studienrichtung. Mir selbst war nicht ein einziger Kommilitone bekannt, der das gleiche Ziel anstrebte. Das ergab für mich und andere ein Gefühl der Unsicherheit bzw. der Einstellung zu dieser neuen Laufbahn und ihrer Gestaltung. Ich selbst setzte nebenbei mein Studium der Elektrotechnik fort und lieferte sämtliche Studienarbeiten für Elektrotechnik (Klingenberg), Dampfkesselbau (wo ich für Ludewig eine gut verwendbare Vorlage besaß) u. a. Einen Aufbau für eine Elektrische Bahn gestaltete ich mir nach Kräften aus, durch Entwurf von Fahrplänen usw. An Vorlesungen hörte ich alles Einschlägige, was jedenfalls unsystematisch für ein solches Studium war. 1904 legte ich das Diplomexamen als Verwaltungsingenieur ab. Zwar war ich formal erfolgreich, fühlte mich aber auf dem Gebiete der Wirtschaft höchst unfertig und unvollkommen, auch nicht versiert hinsichtlich wissenschaftlicher und anderer Arbeiten auf dem Gebiete der Geisteswissenschaften.

Das Schicksal und das Gefühl einer großen Lücke kam mir aber zu Hilfe, indem es mir zu einer Aufgabe bei der AEG verhalf, die es mir gestattete, nebenbei zwei Jahre Volkswirtschaftslehre an der Friedrich-Wilhelm-Universität Berlin zu studieren.

b) Studium an der Technischen Hochschule Berlin-Charlottenburg

Studieren heißt nicht nur, einen Studienplan verfolgen. Je nach der Studienrichtung heißt es auch, etwa vier bis sieben Jahre als Student leben. Das bedeutet eine völlige Umstellung gegenüber dem Leben bis zum Abiturientenexamen, das ja im Regelfalle noch im Rahmen des Elternhauses verläuft. Ich selbst war inzwischen schon Soldat gewesen und trat aus dem Zwange des Militärdienstes in die praktisch völlige Ungebundenheit des Studentenlebens über, gleichzeitig aus dem Leben einer mittelgroßen Stadt, wenn auch mit nicht wenigen Beziehungen zur weiten Welt, nunmehr in das der Reichshauptstadt Berlin. Wie für jeden anderen Studenten brachte dies eine Überfülle neuer Eindrücke, mit denen man fertig werden mußte. Fordert doch die Studienzeit nicht nur die Aneignung eines fachlichen Wissens und Könnens. Genauso wichtig ist die Entwicklung der Persönlichkeit, von der das später im Beruf wie im Leben erreichbare Niveau abhängt. Für diese letztere Entwicklung gibt es aber keine Studienpläne: nur wenn man Glück hat, helfen einem väterlicher oder brüderlicher Rat oder auch Studienfreunde.

In der Studentenschaft konnte und kann man damals wie heute zwei Gruppen von Studenten unterscheiden: die Verbindungsstudenten und die Nichtinkorporierten Studierenden. Als ich 1900 mein Studium begann, gab es an der Technischen Hochschule Berlin-Charlottenburg etwa 4000 Studierende gegen heute etwa 8000 an der Technischen Universität Berlin. Von den 4000 Studierenden mögen damals schätzungsweise 400 der einen oder anderen farbentragenden oder schwarzen Verbindung angehört haben, die entweder schlagende waren oder sich in der Frage der Satisfaktion unterschiedlich verhielten. So bedeutungslos diese Frage der Satisfaktion im bürgerlichen Leben war und ist, wo das Strafgesetzbuch das Duell sogar bestraft, so vielfach entscheidend ist oder war sie jedenfalls lange Jahrzehnte vor und nach meinem Studium. Das ist ein Ergebnis einer wohl jahrhundertealten Tradition. Auch nach 1945 hat es sich gezeigt, daß trotz der veränderten Machtverteilung innerhalb der Studentenschaft jedenfalls die Bestimmungsmensuren und auch Schlägermensuren nicht ausgerottet worden sind. Wie es mit Säbelmensuren steht, vermag ich nicht zu sagen und auch nicht festzustellen; Pistolenduelle sind unter Studenten niemals üblich gewesen.

Aber zurück zum unverhältnismäßig starken Einfluß der Korporationsstudenten um die Jahrhundertwende. Dafür ein Beispiel. Die Technische Hochschule Berlin ist zunächst 1879 durch den Zusammenschluß der Bauakademie und der Gewerbeakademie geschaffen worden. Von ihnen war die erstere 1799 errichtet worden, die letztere 1821. 1899 wurde das 100jährige Bestehen der vereinigten Institute, der Technischen Hochschule zu Berlin, die auch das Promotionsrecht, den Dr.-Ing. brachte, gefeiert. Der Festakt fand in dem schönen Lichthof des Hauptgebäudes der TH statt.

Zu dieser Hundertjahrfeier sind wohl sämtliche Korporationsstudenten zugelassen worden, aber, wie mir ein Jahr später versichert wurde, nicht ein einziger Nichtinkorporierter, ein Freistudent! Verantwortlich dafür waren natürlich nicht die Verbindungen, sondern Rektor und Senat. Für sie mag auch das gewiß schöne Bild des Lichthofes mit den Fahnen der einzelnen Korporationen und dem Wichs der Fahnenträger, das ich ja selbst später oft erlebt habe, mitbestimmend gewesen sein. Jedenfalls blieben Tausende von immatrikulierten Studierenden, die keiner Verbindung angehörten, von der Hundertjahrfeier ausgeschlossen, wobei die Zulassung aller Korporationsstudenten einen besonderen Stachel hinterließ; jedenfalls ergab sich bei den Freistudenten eine ungeheure Empörung. Studentenversammlungen wurden abgehalten, die sich mit dieser ungerechten Handlung beschäftigten.

aa) Die Wildenschaft (Freistudentenschaft)

Jetzt und hier kam man zu der Einsicht, daß eine Wahrnehmung der Interessen derjenigen, die keiner Verbindung angehörten, nur gesichert werden könnte, wenn diese zu einer Organisation zusammengeschlossen würden. Das Problem war nun, wie dieser Zusammenschluß herbeigeführt werden könnte. Ein Verein oder Verband konnte es nicht sein, weil dann ja nur ein Verein mehr vorhanden gewesen wäre, dessen Mitglieder nicht „freie Studenten" gewesen wären, auch deren geschlossener Beitritt mehr als problematisch gewesen wäre. Man schuf daher die Konstruktion eines Gebildes auf parlamentarischer Grundlage, die „Wildenschaft", der jeder nichtinkorporierte Student automatisch, ohne Beitrittserklärung und ohne Zahlung von Beiträgen, angehörte. Der in einer offenen Versammlung gewählte Vorstand hatte die Interessen der „Wilden", der nichtinkorporierten Studierenden, ständig wahrzunehmen. Also ein merkwürdiges Gebilde, dem jede Zwangläufigkeit und Festigkeit zu fehlen schien, auch jede materielle Grundlage. Aber es ergab sich dank der Hingabe der aktiv veranlagten unter den gründenden Mitgliedern[1] und der Gesundheit des Gedankens, daß hier jeder Studierende ohne besondere Bindung und Einführung an allen Einrichtungen und Veranstaltungen teilnehmen konnte, eine volle Lebensfähigkeit. Es gab auch „Abteilungen" für diese und jene Interessen, so für Fechten, für Fußwanderungen, für Französisch, für Musik, für Sozialwissenschaften usw. In den beiden zuerst genannten war ich Mitglied. An ihrer Spitze stand jeweils ein gewählter Vorstand, auch wurden von den ständig teilnehmenden Mitgliedern „freiwillige" Beiträge erhoben. Ferner bestanden bald Einrichtungen, so für den Verkauf von Zeichenmaterial, um das Monopol der Saaldiener zu brechen und das Preisniveau zu senken. Ferner bestand ein Waffenamt (für Ehrenhändel). Auch das letztere hatte gerade für die Wildenschafter seine besondere Bedeutung. Wenn ein Korporationsstudent in einen Ehrenhandel geriet, so hatte er, wenn er einer schlagenden Verbindung angehörte, bei dieser Beratung und Waffenschutz. Der Freistudent war meist nicht genau über den „Komment" mit seinen differenzierten Bestimmungen über Ehrenrat usw. im Bilde, mußte aber auch auf alle Fälle, wenn er eine Forderung erhielt, die Möglichkeit suchen, diese auszutragen. Dazu mußte er sich bis dahin an eine schlagende Verbindung wenden, was gelegentlich Mißlichkeiten brachte. Hier sprang das Waffenamt ein, das seinen Teil der Mitglieder des Ehrenrates stellte, ferner Waffen, Sekundanten und das Lokal zum Austragen der Kontrahagen.

Auch half es bei persönlichen Differenzen. Zwar gab es bald freistudentische Organisationen an allen Berliner Hochschulen, aber nur ein Waffenamt, nämlich das der Charlottenburger Wildenschaft, in dem zehn Mitglieder saßen. Als ich ihm (seit der Errichtung) angehörte, waren sie zufällig oder weil alle eine liberale

1 Von diesen sind mir heute nach 60 Jahren nur die Namen Schlomann, Thomé, Martin Wagner, Hartmann, Wend und Jeltsch in Erinnerung.

Gesinnung besaßen, grundsätzlich alle Duellgegner. Wohl aber waren sie, wenn nötig, alle bereit, um das Waffenamt oder berechtigte Interessen der Schützlinge durchzusetzen, mit der Waffe anzutreten. Ich erinnere mich eines Falles, wo der Vorsitzende der Freistudentenschaft der damaligen Landwirtschaftlichen Hochschule einen Korporationsstudenten gefordert hatte. Dessen Verbindung versuchte sich die Sache leicht zu machen, indem sie den fordernden Studierenden für unhonorig erklärte, so daß die Forderung nicht auszutragen sei. Darauf übersandten wir zehn Mitglieder des Waffenamtes allen Aktiven dieser Korporation Säbelforderungen, denen nun nicht mehr auszuweichen war. Die Korporation suchte daher um Waffenschutz bei einem Corps der Universität nach. Der nunmehr dort gebildete Ehrenrat entschied auf Anhieb, daß eine Unhonorigkeit des ersten Forderers nicht vorliege noch vorgelegen habe und daß der Forderung daher stattzugeben sei. Das letztere mag heute unwichtig erscheinen. Wichtig war es aber damals und heute, von einem ungerechtfertigten Makel befreit zu werden.

Dem Gesamtvorstand der Wildenschaft oblag die Vertretung der Wildenschaft gegenüber dem Rektor und Senat in den allgemeinen Studentenversammlungen und nach außen hin. Studentenversammlungen der Wildenschaft behandelten deren Einzelangelegenheiten und waren oft sehr bewegt. Weiter wurden Bälle, Sommerfeste, Dampferfahrten u. a. veranstaltet. Dabei ist das damalige Preisniveau bemerkenswert. Ich entsinne mich, daß etwa 1903 die Teilnahme an einem Winterfest im Künstlerhaus (Bellevuestraße) einschließlich Essen 2,50 Mark kostete. Einbegriffen war eine „Oper", betitelt „Des Sängers Fluch", in der ich die Partie des Königs zu singen hatte, und in der auch diejenige der Königin, einem Studenten (Bender, mit dem ich später in Chicago viel zusammen war), oblag. — Für die Spaltung innerhalb der Studentenschaft war es bemerkenswert, daß kein Verbindungsstudent an Veranstaltungen der Wildenschaft teilnahm und umgekehrt kein Freistudent an solchen von Verbindungen, es sei denn auf besondere Einladung, z. B. bei ersten Semestern, um sie zu keilen.

Eine besondere Veranstaltung der Wildenschaft galt der Vorbereitung nichtmaturer Studierender auf das Maturum. Wie ich schon erwähnte, war ich selbst mit der Reife für die Unterprima vom Realgymnasium abgegangen, da ich beabsichtigte, Marineingenieur zu werden. Als ich diesen Plan bald fallen ließ, bestätigte mir die Technische Hochschule Charlottenburg, daß ich die Berechtigung zum Studium an der TH und zur Ablegung des Diplomexamens hätte. Daraufhin begann ich dort das Studium als immatrikulierter Student. Erst hinterher stellte ich fest, daß ich wohl das Diplomexamen ablegen könne, jedoch nicht ein Diplom ausgehändigt erhielte oder mich Diplom-Ingenieur nennen dürfte. Sofort faßte ich den Entschluß, das Maturum als Extraneer zu erwerben. Hierzu schaltete ich die Wildenschaft ein und wandte mich in deren Namen an den Direktor einer Charlottenburger Oberrealschule. Dieser vermittelte mir durch den Oberlehrer Dr. v. Schroeter die Zusage von weiteren Oberlehrern für die einzelnen Fächer. So hatte ich zunächst einmal einen ausgezeichneten Lehrkörper zur Verfügung. Teilnehmer an dem Vorbereitungskursus fand ich dadurch, daß die Presse sich für das Vorhaben interessierte und darüber berichtete, so daß sich Interessenten meldeten. Einen Unterrichtsraum stellte die TH; so konnte mit dem Kursus begonnen werden, in dem ich gleichzeitig Schüler und organisatorischer Leiter war. Die Wildenschaft erzielte dabei einen beachtlichen finanziellen Überschuß, der sehr willkommen war.

Das dicke Ende kam allerdings nach. Wir alle wurden einer Berliner Oberrealschule zur Prüfung überwiesen, und zwar schon nach wenigen Monaten, so daß die Vorbereitung unverhältnismäßig kurz war. Auch war die Wahl einer Oberrealschule statt eines Realgymnasiums – von einem solchen kamen die meisten, aber nicht alle von uns – offenbar unzweckmäßig. Zudem war der Empfang nicht gerade wohlwollend. So verkündete der Oberrealschuldirektor Markuse im Examen vor Prüfungsausschuß und Prüflingen in einem Fach (Religion), in dem ich auf Grund des eingereichten Zeugnisses nicht mehr geprüft zu werden brauchte, daß ich laut diesem letzten Zeugnis mit Karzer bestraft worden sei. Der überwachende Schulrat blieb allerdings objektiv und stellte die Note „sehr gut" fest. Das Gesamtergebnis war aber, daß nicht ein einziger der Teilnehmer unseres Kursus bestand. Daß der Schulrat in seiner Schlußkritik mir Begabung attestierte, war kein Trost; und dieser Durchfall, glücklicherweise der einzige seiner Art in meinem Leben, der mit einer ungeheuren Überlastung zusammenhing, soll immerhin hier nicht verschwiegen werden. Wir rehabilitierten uns dadurch, daß sechs Monate später die meisten von uns es noch einmal an anderen Oberschulen versuchten und alle bestanden, ich selbst am Realgymnasium in Bremen-Vegesack mit einer Eins in drei Fächern. Aber – wie die Lose unterschiedlich fallen. Der anerkannt Beste aus unserem Kursus, Kajar, wagte es nicht zum zweiten Mal und blieb immatur!

Einen zweiten Unterricht, wenn auch weniger ausgefallen, richtete ich ebenfalls über die Wildenschaft ein. An der TH gab es damals keinen Unterricht in Doppelter Buchführung, obwohl inzwischen sogar die Studienrichtung Verwaltungsingenieure eingerichtet worden war. Hier richtete ich daher ebenfalls über die Wildenschaft Unterrichtskurse ein, die fleißig besucht wurden. Räume standen nun schon in dem ebenfalls über die Wildenschaft geschaffenen Studentenheim zur Verfügung. Sehr verdienstvoll war damals die Einrichtung der Arbeiterbildungskurse, in denen von Freistudenten unter Führung von Martin Wagner Abendunterricht in den verschiedensten Fächern unentgeltlich erteilt wurde. Diese Einrichtung fand damals, als es noch keine Volkshochschulen gab, große Anerkennung. Dies insbesondere bei den teilnehmenden Arbeitern. Ich erinnere mich einer Semesterschlußfeier dieser Kurse, in der ein Arbeiter dem studentischen Leiter der Institution einen bei den Teilnehmern gesammelten beachtlichen Betrag überreichte, der nun für Ausgaben zur Verfügung stand.

Das Bedürfnis nach Räumen für die Tagungen der „Abteilungen", für Sitzungen der Ausschüsse u. a. war natürlich längst vorhanden und bei einzelnen Korporationen wie Hütte, Motiv u. a. durch eigene Häuser gedeckt, bei anderen durch gemietete Räume, im übrigen durch Vereinszimmer in Gaststätten. Bei der Wildenschaft war es wohl Laitz (Hamburg), der den Plan betrieb, ein eigenes Studentenheim zu errichten. Sieben Studenten traten als Gründer auf, von denen zwei in den Vorstand traten, drei in den Aufsichtsrat, u. a. Richard Schulze und ich; einer, Bartels, wurde Geschäftsführer. In ziemlicher Nähe der TH (Schillerstr. 5) wurde eine Villa mit Garten gemietet, mit einem geeignet erscheinenden Ökonomen ein Pachtvertrag geschlossen und der Betrieb eröffnet. Möbel und Einrichtung wurden teils gekauft, teils geschnorrt, dies zum Teil unter Hilfe von Professoren, Künstlern und sonstigen Mäzenen. Bei einem solchen etwas bohemienhaften Betrieb fehlte es natürlich nicht an Schwierigkeiten, die meist mit den Ökonomen zusammenhingen, die wohl nicht auf ihre Kosten kamen. Immerhin erinnere ich mich noch, wie wir sehr bald den hundertsten Mittagsgast begrüßten (Herbst, später bei Röchling, Völklingen). Jedenfalls hat dieses Studentenheim, bei dem ich stellv. Vorsitzender des Aufsichtsrates war und regelmäßig gegessen, manch abendliche Sitzungen mitgemacht und im Anschluß an diese im Kreise der an der Arbeit Beteiligten manchen Schoppen getrunken, die Zeit meines Studiums um Jahre überlebt.

Alle diese Einrichtungen haben sich seitdem längst gewandelt. Es entstand in weit größerem Stile das Studentenwerk oder auch die Studentische Darlehnskasse e. V., Berlin, deren Schatzmeister ich noch 1960 war. Beachtlich ist aber, daß alle die genannten alten Institutionen von Studierenden ehrenamtlich betrieben wurden. Es mögen 50 bis 100 gewesen sein, die nicht wenig Zeit und Arbeit in ihre jeweilige Aufgabe hineinsteckten. Diese ihre Leistungen fanden aber ihren unmittelbaren Lohn in der Ausbildung der eigenen Persönlichkeit. Ich habe in der Wildenschaft an den verschiedensten Stellen gearbeitet bis hinauf zum Vorsitzenden des Vorstandes und schließlich als Vorsitzender im Ältestenrat, oder wie dieses Spitzengremium geheißen haben mag. Nach meinem Empfinden hatte diese vielseitige ehrenamtliche Arbeit zur Ausbildung meiner Persönlichkeit mindestens soviel beigetragen wie das eigentliche Studium.

Allerdings kann man hier auch des Guten zuviel tun. Man muß sich hüten, bei diesen studentischen Einrichtungen hängen zu bleiben, insbesondere nach Beendigung des Studiums eine bis dahin nebenamtlich und ehrenamtlich mit Erfolg bekleidete Stellung nun hauptamtlich zu versehen. Man gerät dann in eine Sackgasse. Jetzt muß der Dipl.-Ingenieur, z. B. der Wirtschaftsingenieur, in die Wirtschaft oder amtliche Verwaltung gehen und sich auf die neuen Aufgaben konzentrieren. Auch mir fiel es 1904 schwer, mich von allem loszureißen. So ging ich nach dem Diplomexamen zunächst noch in alle Studentenversammlungen und nahm sogar gelegentlich noch an den Debatten teil. Als in einem Falle ein mir persönlich unbekannter stud. B. kränkende Bemerkungen über die Wildenschaft machte, die nicht hingenommen werden konnten, ohne einen kläglichen Eindruck zu ergeben, sprang ich auf und rügte den die Versammlung leitenden Vorsitzenden des Ausschusses der Studierenden. Wenn dies hingehe, so könne ich es mir auch erlauben, „Herrn B. hier einen dummen Jungen zu nennen“. Das war ein üblicher Ausdruck, der einer Forderung gleichkam oder so provozierte. Seltsamerweise blieb diese aus, doch war dies die Folge einer besonderen Komplikation. Als ich das nächste Mal wieder in die Studentenversammlung ging, sprach mich ein mir bekannter Korporationsstudent an. Die Frist, innerhalb der nach dem Komment ein Geforderter eine Forderung anzunehmen habe, sei zwar vorüber. Der Grund hatte darin gelegen, daß man zwar versucht habe, mir die Forderung zu überbringen, doch sei „ich“ verreist gewesen. Erst hinterher habe man erfahren, daß ich einen Doppelgänger hätte, gleicher Vor- und Zunahme, gleiche Fakultät und gleiches Semester! Ob ich bereit sei, die versehentlich verspätete Forderung anzunehmen. Als ich dies bejahte, sprach er eine schwere Säbelforderung (sine sine, d. h. ohne Binden und Bandagen) aus, die ich annahm. Sie wurde dann auch ausgetragen, meinerseits mit dem Ergebnis, daß ich einige Zeit nur mit verbundenem Kopf und zerhacktem Gesicht meiner Arbeit nachgehen konnte. Glücklicherweise bekam Emil Rathenau, der Generaldirektor der AEG, der mein unmittelbarer Chef war, die Sache nicht in die falsche Kehle, sondern fragte nur, ob bei mir „der Putz abgefallen" sei. Anders der Baurat Jordan, Vorstandsmitglied und oberster Leiter der Fabrikation der AEG, der sonst mein besonderer Gönner war. Mit Recht erklärte er mir, daß sich etwas derartiges für mich nicht mehr passe.

An der TH ist es mir gerade retrospektiv bemerkenswert, wenn man von Bummelanten absieht, wie ernsthaft und intensiv, aber vor allem wie heiter gearbeitet wurde. Hier war im allgemeinen jeder stumm an seinem Zeichenbrett. Ich selbst saß in EB 248 an meiner Diplomarbeit. Am Ende eines jeden Nachmittags sangen aber alle Saalbewohner unisonno: „Lippe-Detmold eine wunderschöne Stadt, darinnen ein Soldat!"

bb) Als Student in Berlin

In diesen Jahren gab es aber noch ein Leben neben Studium und Hochschule. Berlin, Berlin! Viele, viele Möglichkeiten des Lebens und Erlebens, so groß, daß man sie keineswegs ausschöpfen konnte, auch wenn der Wechsel größer war. Es gab die Fülle der Theater, die Zeit, wo Max Reinhardt in „Schall und Rauch" wohl ein Jahr lang allabendlich Gorkis „Nachtasyl" brachte, dann im „Kleinen Theater" etwa eineinhalb Jahr lang Shakespeares „Sommernachtstraum" mit einem echten Birkenwald auf der Bühne, im Deutschen Theater mit Wegner, Moissi, Tilla Durieux u. a. einen Klassiker nach dem anderen. Daneben das Lessing-Theater Brahms mit seinem vorzüglichen Ensemble, das Theater in der Königgrätzer Straße mit seinen Strindberg-Aufführungen, schon vorher das Berliner Theater mit Björnsens „Wenn die Toten erwachen" u. a., mit Ibsen u. a. In der Kgl. Oper hatten Studenten Vorzugspreise, wenn auch nur für Stehplätze auf der Galerie. Vor allem hier in der Oper hat wohl jeder Student die Gelegenheit ausgenutzt, als Statist einmal das Leben hinter den Kulissen zu schauen. Ich erinnere mich, so im „Lohengrin", im „Bärenhäuter" und in der „Afrikanerin" mitgewirkt zu haben, wobei ich es in den Kauf nahm, mich als Neger schminken zu lassen. Zum Singen kam es hier allerdings nicht.

Auch gab es Literaturvereine wie den „Deutschen Literaturverein", den Anton v. Muralt führte, wo Studenten sehr willkommen waren, sich manchmal allerdings ungezogen benahmen, indem wir uns einmal verabredeten, dem Veranstalter unaufhörlich zuzutrinken, so daß er schließlich eine leichte Gleichgewichtsstörung zeigte. Bei einem Rezitationsabend ernsten Charakters von Johannes Cotta geriet unsere noch dazu vereint sitzende Gruppe wider Willen in einen trotz aller Bremsversuche spürbaren Lachkrampf. Im ganzen Leben war damals eben ein heiterer Untergrund vorhanden. Der Verkehr brachte aber auch Bekanntschaften, z. T. auch Freundschaften nach allen Richtungen. Als ich als Vorsitzender der Wildenschaft am Eröffnungsball der Kunsthochschule und der Musikhochschule (etwa 1902) teilnahm, lernte ich die damalige Malschülerin Margarete Kretschmann, spätere Opernsängerin, kennen, die heute noch in unserem Hause verkehrt, desgleichen eine andere Malschülerin

M. B., deren Vertrauter ich später insoweit wurde, als bei einem beabsichtigten Durchbrennen nach Indien ich es übernehmen mußte, die Aussteuer heimlich bei mir zu sammeln. Weit intensiver war die Freundschaft mit einer dritten Malerin, Elisabeth R. Wohl niemand hat auf mich als Mensch einen so weitgehenden menschlichen und künstlerischen Einfluß ausgeübt. Bei ihr habe ich auch an ihrem Zeichenunterricht teilgenommen. Sonntags zogen wir über Land, um in der Natur Motive auszusuchen, die sich in Zeichnungen für den Raphael Tuck Verlag, London, umsetzen ließen. Ihre Zeichnungen erregten auch großes Interesse auf den Ausstellungen der Sezession. Auf einer anderen Ausstellung kaufte die Kaiserin ein Bild, worauf es fast komisch wirkte, wie sofort alle anderen von ihr ausgestellten Bilder von den Bekannten der Kaiserin erworben wurden. Wertvoller war ihre Freundschaft mit Käthe Kollwitz, die ich auch durch sie kennenlernte. Jahrelang haben E. R. und ich in Beziehungen gestanden. So konnte ich schon damals sehen, wie schwer es für einen Künstler ist, sich ohne Vermögen durchzusetzen. Als E. R. ein solches erbte, wanderte sie mit Tochter und Freund nach Argentinien aus und wurde dort Siedlerin, kehrte allerdings nach einigen Jahren enttäuscht zurück.

Jedenfalls konnte das Leben eines Studenten in Berlin bunt, bewegt und vielseitig sein. Wenn Goethe im „Schenkenbuch" sagt: „Höchstes Glück der Erdenkinder ist nur die Persönlichkeit", so war das Studentenleben in Berlin damals hervorragend zur Ausbildung einer solchen Persönlichkeit geeignet, insbesondere dann, wenn man aus einer weniger großen Stadt kommend nun erstmals einen neuen Lebensabschnitt in einer neuen Umgebung begann. Dies habe ich damals dankbar empfunden. Als ich später in Chicago lebte und einer bekannten amerikanischen Familie von Berlin erzählte, sagte mir eine Amerikanerin: „Wenn Sie von Berlin erzählen, so ist es, als ob der Christ vom Paradiese spricht."

5. Student an der Friedrich-Wilhelm-Universität Berlin

Das Studium an der TH hatte ich nun insoweit hinter mir, als ich im Oktober 1904 das Examen eines Diplom-Ingenieurs abgelegt hatte, und zwar in der Abteilung Maschinenbau, Studienrichtung technisches Verwaltungswesen. Formal war daher alles in Ordnung, insofern allen Vorschriften Genüge getan war. Indessen war man sich offenbar über diese ganze Studienrichtung nicht genügend klar, verfügte auch gar nicht über die nötigen Studieneinrichtungen, auch kaum über Studierende des „technischen Verwaltungswesens". An der TH gab es damals nur einen Ordinarius für Volkswirtschaftslehre, Geheimen Regierungsrat Paasche, der aber für alle Studierenden der TH da war. Nebenbei oder hauptsächlich war er Reichstagsvizepräsident. Ein Seminar für Wirtschaftswissenschaften gab es nicht. Das Fach Volkswirtschaftslehre wurde aber von den Studierenden des Maschinenbaus nicht ernst genommen. Ich erinnere mich, daß daher 1904 in einem Prüfungstermin für Maschinenbauer sämtliche Diplomkandidaten ins Fach Volkswirtschaftslehre rasselten! Zwar gab es noch eine Vorlesung über Bank- und Börsenwesen, die von einem Honorarprofessor, dem nicht mehr jungen, aber sehr lebendigen Prof. Dr. Warschauer gehalten wurde. Ein geregeltes Studium für Wirtschaftsingenieure hat erst Prof. W. Prion, beginnend etwa 1926, aufgebaut[2].

Auch an den Universitäten gab es 1904, als ich an der TH mit dem Studium des Verwaltungsingenieurs fertig war, natürlich kein Studium des Wirtschaftsingenieurs. Ebensowenig an den Handelshochschulen, von denen die in Leipzig 1899 errichtete die zeitlich erste war. Das Wort Betriebswirtschaftslehre (die „Lehre von der Wirtschaft der Betriebe") kam erst etwa 1904 auf. So begann ich, begünstigt durch meine besonders geartete Stellung bei der AEG, auf die ich später eingehe (S. 74), nebenbei mit dem Studium der Volkswirtschaftslehre an der Friedrich-Wilhelm-Universität Berlin. Hier lehrten als Ordinarien Gustav von Schmoller, das Haupt der historischen Schule unter den Wirtschaftswissenschaftern, ferner Max Sering, der insbesondere auf dem Gebiete des Agrarwesens eine Autorität war, schließlich der hervorragende Finanzwissenschafter Adolf Wagner. Arbeitete der letztere vorwiegend deduktiv, so bevorzugte Schmoller die induktive Methode. Beim Dr.-phil. (ein anderes Examen gab es für Wirtschaftswissenschaften an der Universität Berlin damals nicht) konnte der Doktorand seinen Examinand wie üblich selbst vorschlagen. Wer, wie ich, alles mit Schnellzuggeschwindigkeit erledigen wollte, und dabei möglichst zwei Aufgaben nebeneinander (AEG und Studium), konzentrierte sich auf „seinen" Examinator und dessen wissenschaftliche Methode. Das war natürlich eine armselige Gestaltung des Studiums. Aber ich war an verschiedenen Daten gebunden, Abfassung einer „Geschichte der AEG in den ersten 25 Jahren", die rechtzeitig vorliegen mußte, Abfassung der Doktorarbeit, Abreise und Übersiedlung nach den USA, und so nahm ich das eingeschränkte Studium in den Kauf. Erst später habe ich gelernt, für jede wissenschaftliche Arbeit, und u. U. für jeden Abschnitt, diejenige Methode zu wählen, die die besten Ergebnisse versprach.

An der Universität Berlin waren im ganzen unvergleichlich günstigere Verhältnisse für ein Studium der Wirtschaftswissenschaften als an der TH Berlin. Außer den Ordinarien der Wirtschaftswissenschaften Schmoller, Wagner und Sering war noch der a. o. Prof. von Halle da, ferner der sehr selbständige Assistent von Schmoller, Spiethoff (später Ordinarius in Bonn), und wohl auch Lehrbeauftragte. Von den Seminaren war insbesondere das von Schmoller hervorragend, besonders durch das Niveau seiner in- und ausländischen Mitglieder, von denen ja nicht nur die Qualität der Vorträge, sondern die Schärfe und Lebendigkeit der Diskussionen abhing. Von den Mitgliedern, die ich damals erlebte, erinnere ich mich Dr. Somarys, ein Produkt der österreichischen Schule, der meistredendes Mitglied war. Ich weiß noch, daß er als einziger beanspruchte, seinen Beitrag („Die Wiener Banken") frei, ohne Konzept, zu halten. Der zweite Abschnitt begann: „Als ich am letzten Sonntag mit einem Reichsbankdirektor im Grunewald spazierenging . . ." Indessen war er nicht dumm (so verkaufte er 1918 sofort alle seine deutschen Werte). Ein Gegensatz war die spätere langjährige Seniorin des Bundestages, Frau Marie Elisabeth Lüders, die aber damals im Seminar niemals den Mund aufgemacht hat. Als ich ihr dies vor einigen Jahren scherzhaft vorhielt, begründete sie ihre Schweigsamkeit damit, daß sie

[2] Vgl. W. Prion, Ingenieur und Wirtschaft: Der Wirtschafts-Ingenieur. Eine Denkschrift über das Studium von Wirtschaft und Technik an Technischen Hochschulen, Berlin 1930.

(1906) als studierende höhere Tochter ohnehin schon stark aus dem Rahmen gefallen sei. Auch Prion gehörte dem Seminar an und lieferte einen gediegenen Vortrag über „den Berliner Geldmarkt".

Das Studium der Wirtschaftswissenschaften an der Universität Berlin hatte damals gegenüber dem an der TH den erheblichen Vorzug, daß es viele Teilnehmer hatte, die Vorlesung von Schmoller jedenfalls mehrere Hunderte von Hörern, während ich an der TH m. W. als Student des Wirtschaftsingenieurwesens allein war. So war das Milieu an der Universität ganz anders, der Gedankenaustausch unter den Studierenden rege, auch eine Seminarbibliothek vorhanden, in der man gut arbeiten konnte. Ferner bot der „Volkswirtschaftliche Verein" nicht nur durch seine Vorträge, sondern insbesondere durch die durch keinen Professor gesteuerte und gehemmte, ja oft gepfefferte Diskussion viel Anregung.

Eine unbehagliche Klippe lag darin, daß das Studium der Wirtschaftswissenschaften an der Universität Berlin bei der Philosophischen Fakultät lag. Neben dem Hauptfach Wirtschaftswissenschaft waren zwei Nebenfächer zu absolvieren. Davon war das Fach Philosophie obligatorisch. Nun das zweite Nebenfach. Es lag für mich nahe, Physik zu wählen. Vorsichtshalber ging ich einmal in das Physikalische Kolloquium der Universität. Bei der Diskussion sträubten sich mir aber die Haare, und ich verzichtete sofort! Erst ein Jahrzehnt oder mehr später, als ich durch den persönlichen Verkehr mit Max von Laue, Arnold Berliner u. a. einen besseren Einblick gewann, sah ich, daß dieses Kolloquium von erfahrenen Physikern, Professoren u. a. besucht wurde und ganz irreführend hinsichtlich dessen war, was man von einem Doktorkandidaten im Nebenfach verlangte.

Ich machte mir die Sache schwer, indem ich nun Geschichte wählte und zwar Hans Delbrück, bekannt für das Fach Strategie und für seine Unerschrockenheit in der Öffentlichkeit. Da ich ihn noch nicht einmal von Ansehen kannte, ging ich einmal in die in diesem Semester von ihm gehaltene Vorlesung. Das war Alte Geschichte, in der ich keinerlei besondere Kenntnisse besaß. Ein kürzlich gebackener Doktor, der in gleicher Lage gewesen war wie jetzt ich, riet mir zu Geschichte der französischen Revolution und Napoleon. Hier sei von einem Schüler Delbrücks, den dieser sehr schätze, Prof. X, ein Buch geschrieben worden, aus dem ich die nötigen Kenntnisse schöpfen könne. Als ich Delbrück meinen Besuch machte, fragte er, was ich gehört hätte. Ich: „Alte Geschichte, möchte aber in der Geschichte der französischen Revolution und in der napoleonischen Geschichte geprüft werden." Delbrück: „Wonach haben Sie diese studiert?" Ich: „Nach dem Werke von Prof. X." Delbrück: „Das ist aber ein schlechtes Buch. Wollen Sie Ihre Doktorprüfung nicht lieber noch verschieben?" Ich: „Nein, das möchte ich nicht. Der Prüfungstermin ist erst in 14 Tagen. In zwei Wochen kann man noch viel lernen." Das war überheblich, und vielleicht auch noch keck gesagt. Delbrück: „Dann vertrauen Sie auf Ihr Glück."

Delbrück hat sich dann in der Prüfung gerächt, die er von vornherein sehr schwierig gestaltete. Erste Frage: „Welches ist der Unterschied in der Geschichtsauffassung zwischen Ranke und Tayne?" Heute kann ich sehr wohl sagen, daß diese Frage für eine Prüfung im Nebenfach Geschichte eine Überforderung war. Der Zufall half mir noch, insofern als ich Tayne zehn Jahre vorher wenigstens gelesen hatte. Die Prüfung ist aber wohl in diesem Stile weitergegangen, denn Sehring, der mich ebenfalls zu prüfen hatte, kam heran und sagte zu Delbrück: „Herr Kollege, Sie dürfen den Kandidaten nicht so quälen!" Immerhin fragte mich dieser noch: „Wieviel Gefangene waren in der Bastille, als diese erstürmt wurde?" Ich konnte antworten: „Drei oder vier!" So kam ich auch bei Delbrück noch durch. In den anderen Fächern bestanden keine Schwierigkeiten. Auch nicht in der Philosophie, in der mich der alte Paulsen in einer stillen Dämmerstunde in seiner Wohnung auf dem Fichteberg insbesondere über Verfassungen prüfte.

Daß Fragen noch schwieriger zu beantworten und noch ausgefallener waren als die Delbrückschen, habe ich einige Jahre später bei der Dr.-Ing.-Prüfung festgestellt. Hier wurde ich u. a. gefragt, welche Fragen bei den Prüfungen der USA-Gewerkschaften den Eintrittskandidaten gestellt wurden. Aber hier hätte es nichts ausgemacht, wenn ich die Frage nicht hätte beantworten können. Sie entsprang nur dem Wissensdurst der Examinatoren und der Tatsache, daß ich etwa ein Jahr in Industriebetrieben der USA tätig gewesen war.

6. *Reisen nach überseeischen Ländern und dortige Tätigkeit*

Meinen Reisen lag ein schon während des Studiums an der Universität Berlin gefaßter Plan zugrunde. Am liebsten hätte ich die ganze Welt bereist, doch fehlte dazu das nötige Geld und schließlich auch die Zeit. Immerhin kostete das Planen nichts. Wieweit ich dabei ging, ist mir dadurch bekannt geworden, daß bei der Überreichung der Doktordiplome der Berliner Universität an drei Doktoranden durch den Dekan in der Aula der Universität zufällig ein älterer Bekannter anwesend war, der die Ausführungen des Dekans mitstenographierte und mir Jahre später berichtete. Von dem ersten Dr. phil. wurde gesagt, daß er am Grimmschen Wörterbuch arbeiten werde; auch der zweite hatte etwas bürokratische oder mich als papieren anmutende Pläne. Von mir selbst hieß es, daß ich Forschungs- und Studienreisen nach den USA, nach Südamerika und nach Ostasien machen würde. „Wir Deutsche pflegen ja dabei meist mehr an geistigen Gütern zu bringen als von dort zurückzubringen." Das war zwar sehr optimistisch gedacht, doch urteilte ich von vornherein bescheidener. Mir kam es auf das Gewinnen eines Überblicks über die Weltwirtschaft, eines Einblickes in fremde Volkswirtschaften, in ihre industrielle Leistungsfähigkeit u. a. an.

Interessant war mir aber nach meiner Rückkehr und nach Kenntnis dieser von mir längst vergessenen Dekanatsrede, wie es mir doch möglich gewesen war, den Ausgangsplan innezuhalten, mich auch durch verführerische Angebote z. B. der AEG nicht von der Linie abbringen zu lassen, mir zuerst die genannten interessanteren Teile der Welt anzusehen und erst dann eine feste Bindung einzugehen. Das war insofern kühn, als die Finanzierung dieser Reise fast völlig offen war, so daß ich darauf angewiesen war, mir die Mittel unterwegs zu verdienen.

Damit bin ich auch in großen Zügen durchgekommen, wobei das Glück mich begünstigt hat. Ich habe immer gute Stellungen und lehrreiche Aufgaben gefunden. Dabei habe ich jeweils gut verdient, so daß ich für die nächste Reise sparen konnte. Gelegentlich ging ich aber auch nach anderem Rezept vor. Als ich 1907 mit meiner

Reise in die Welt begann, besaß ich ganze 800 Mark. Das hinderte mich nicht, mit einem Luxusdampfer I. Klasse nach New York zu fahren, um dabei gewisse Verbindungen zu pflegen. In gleichem Stile stieg ich in New York ab, reiste in der Pullman Car nach Pittsburgh und wohnte zunächst im vornehmen Shanley Hotel, ganz wie meine Reisegefährten, die allerdings Gäste Carnegies waren, eingeladen zur Eröffnung der erweiterten Carnegie Institute, bestehend aus Konzerthalle, Bibliothek, Carnegie Institute (Technische Hochschule) u. a. Bei dieser Gelegenheit lernte ich den Multimillionär Carnegie und Frau sowie viele andere Personen von Bedeutung kennen, worauf es mir angekommen war.

a) Reisen und Tätigkeit in den USA

Ich war nun in den USA angekommen, und zwar in Pittsburgh, einem Brennpunkt der Industrie, besonders der Stahlindustrie, wo aber in der Nachbarschaft auch die Westinghouse-Gesellschaften und zahllose andere Industriebetriebe ansässig waren. Während für New York vor allem ein buntes Völkergemisch charakteristisch war, zeigte sich Pittsburgh als eine echt amerikanische Industriestadt. Der Amerikaner nannte sie „the hell with the lid off", „Die Hölle mit abgenommenem Deckel". In der Tat konnte man damals an einem hellen Sommertage mit unbewaffnetem Auge in die Sonne sehen, die nur als roter Feuerball erschien, abgeschirmt durch ein Meer von Rauch, der den unzähligen Fabrikschornsteinen entquoll.

Schleunigst verzog ich nun vom feudalen Hotel Shenley in ein Boarding House, wo ich mich in der Atmosphäre einer größeren Familie fand, zu der auch der Maler Maurice Ingres gehörte, der Enkel des großen französischen Malers Ingres, ferner ein Frachtagent einer Eisenbahngesellschaft, ein gewandter und repräsentativer Mann, ein Tabakgroßhändler mit Familie einschließlich eines hübschen Backfisches u. a., also eine gute Mischung amerikanischen Mittelstandes.

Nun war es aber bald Zeit, mich nach einer Stellung umzusehen, denn die Dollar wurden weniger und weniger. Ich kann nur sagen, daß das Stellungsuchen mir jedenfalls interessant und vergnüglich war, was in Deutschland sicher anders ausgesehen hätte. Ich war von Deutschland aus seitens Geheimrat Rathenau, Komm. R. Goldberger u. a. mit ausgezeichneten Empfehlungen ausgerüstet worden, habe sie aber, vielleicht fast sämtlich, nicht gebraucht mit Ausnahme derjenigen an die General Electric Co. gelegentlich der Besichtigung ihrer Werke. In Pittsburgh ließ ich mich bei dem Direktor irgendeines Werkes melden. Eine Stellung hatte er für mich nicht. Wohl aber hatte ich mit ihm eine sehr interessante und instruktive Unterhaltung über die dortigen Industrieverhältnisse, schließlich eine Empfehlung an den Direktor eines anderen Industriebetriebes, wo sich das gleiche Spiel wiederholte mit dem gleichen Ergebnis. Endlich gelangte ich auch zu Daniel E. Crane von der Crucible Steel Co., einem jüngeren Amerikaner, der als Sohn des seinerzeitigen amerikanischen Generalkonsuls in Hannover viel innere Beziehungen zu Deutschland hatte, z. B. auch drei deutsche Hausangestellte hatte. Er ging jetzt persönlich mit mir zu leitenden Leuten anderer Unternehmen, die er kannte. Das war insofern nicht schwierig, als er in einem Hochhaus saß, in dem die Verwaltung einer

Reihe von Unternehmen ihren Sitz hatte. Als er nicht gleich zum Ziel kam, brachte er mich bei der eigenen Crucible Steel Co. unter, wo er in der Direktion tätig war. Meine dortige Tätigkeit hing mit der Einrichtung eines neuen Werkes zusammen. In diesem wurde ich teils freundlich empfangen, teils aber auch mit etwas scheelen Augen angesehen, nämlich von solchen, die in mir einen Konkurrenten fürchteten. Allgemein wurde mir von meinen dortigen Freunden geraten, nicht zuviel Gehalt zu verlangen. Mit je höherem Gehalt man auf der Liste steht, umso eher läuft man Gefahr, gestrichen zu werden.

Das einzige, was ich gegen meine Stellung einzuwenden hatte, war, daß sie mir zu technisch war. Ich kündigte daher, worauf Mr. Crane sich erneut daran machte, mich geeignet unterzubringen! Das war ein wirklich erstaunlich freundliches Verhalten, nachdem ich ihn ja gerade enttäuscht hatte. Inzwischen hatten wir uns aber angefreundet und er hatte mich auch gesellschaftlich gefördert.

Jetzt besorgte er mir ein Angebot von Jones & Laughlin, dem größten Konkurrenten des Stahltrusts. Wie aber sah die angebotene Stellung aus. Es handelte sich einfach um die Verzeichnung der aus einem Walzwerk herausrollenden Blöcke. Die Arbeitszeit betrug 12 Stunden (in einer Schicht) von 12 bis 12 Uhr, dies sieben Tage in der Woche, in der einen Woche die Tagschicht, in der nächsten Woche die Nachtschicht! Also eine etwas heftige Angelegenheit, eine Knochenmühle. Sie bot aber die Chance der Beförderung, u. U. sogar eine gute Karriere. Ein dortiger Praktikant mußte mir vollen Aufschluß über alle Umstände geben, die Schwierigkeit, um Mitternacht etwas vernünftiges zu essen zu bekommen und nach Hause zu gelangen. Man erzählte mir von dem raschen Weiterkommen eines jungen Mannes, der vor einiger Zeit eingetreten war und schon jetzt einen selbständigen Posten erreicht hatte. Mein eventueller Vorgesetzer, der keineswegs ein Springer, sondern ein zuverlässiger Steher zu sein schien, war bezüglich meines Durchhaltens skeptisch und an einer kurzfristigen Beschäftigung desinteressiert. „We don't think much of quitters!“ (Wir reißen uns nicht um Leute, die bald wieder gehen!“)

Ich mußte nun abwägen: die angebotene „kaufmännische“ Stellung bei Jones & Laughlin mit ihren zermalmenden Umständen? Oder eine Änderung meiner Taktik?. In den etwa zehn Wochen, die ich inzwischen in den USA verbracht hatte, war mir inzwischen die andere Auffassung gegenüber der deutschen Industrie klargeworden. In den USA ging der Nachschub in den kaufmännischen Stellungen z. B. im Vertrieb über die Fabrikationsabteilungen, über die Werkstatt. Es war ein deutsches Vorurteil, diesen Weg vermeiden zu wollen. Aus dieser Einsicht zog ich nun die Konsequenzen und sagte mir, daß acht Stunden normale Werkstattarbeit bei der Westinghouse Electric & Manufacturing Company weit angenehmer und aussichtsreicher waren und auch mehr in der Gesamtlinie meiner Planungen lagen.

Ich ging also zu meinem über die Carnegie-Veranstaltungen gewonnenen Gönner bei der Westinghouse und sprach ihm von meiner veränderten Auffassung. Er fand dies sehr richtig und sorgte sofort dafür, daß ich als Monteur im Dynamobau eingestellt wurde. Das war der Vorteil des Wirtschaftsingenieurs gegenüber z. B. dem Diplom-Kaufmann, daß ihm zwei Richtungen offenstanden, von denen er je nach der gerade vorliegenden Situation die eine oder die andere einschlagen konnte. Auch in anderen Ländern fand ich, daß es leichter war, als Ingenieur aufgefaßt und aufgenommen zu werden als wie als „Kaufmann".

Bei Westinghouse fühlte ich mich sehr wohl und leidlich zu Hause. Auch waren hier etwa 200 Praktikanten beschäftigt, die alle ihr College-Studium abgeschlossen hatten, dem das Praktikum nun folgte. Fast alle von ihnen wohnten in dem kleinen Pittsburgher Vorort Wilkinsburgh, in den auch ich zog und wie andere Praktikanten in einem Boarding House wohnte. Hier war auch ein Klubhaus der Praktikanten, in dem Veranstaltungen stattfanden. Einer von den Praktikanten sprach mich im Werk freundlich darauf an, daß ich täglich rasiert zur Arbeit käme, also offenbar aus dem Rahmen der Arbeiter fiele. Durch ihn erlangte ich Zutritt zum Klub. Er erzählte mir auch von einem deutschen Ingenieur Feilke, der ebenfalls bei Westinghouse tätig sei. Als er mich eines Abends zu ihm führte, erklärte dieser: „Ich kenne Sie ja und habe Sie an der TH Charlottenburg sogar irgendwie gewählt." Zwar kannte ich ihn von dort nicht. Wir befreundeten uns dann aber, und er hat mich einige Jahre später, nachdem er Chefingenieur einer amerikanischen Automobilfabrik geworden war, in Berlin besucht.

Jedenfalls befand ich mich in Wilkinsburgh in einem angenehmen Milieu, Abend für Abend vor dem Hause mit einigen jungen Leuten plaudernd, von denen ich den einen, von dessen Beruf ich nur wußte, daß er Sohn eines Pfarrers und aus gesundheitlichen Gründen einige Jahre Cowboy gewesen war, als einen der beiden einzigen (neben ihm Crane) im europäischen Sinn gebildeten Mann empfand, der mir in den USA begegnet war.

Meine Tätigkeit als Monteur bei Westinghouse war natürlich von mir nur als ein Übergang gedacht. Auch drückte es mich, daß ich den technischen Anforderungen nicht immer voll gewachsen war. So ging ich wieder zu meinem Carnegie-Freunde, der bei Westinghouse eine leitende Stellung innehatte. Jetzt sagte ich ihm, daß ich nunmehr in die Vertriebsabteilung als Verkaufsingenieur kommen möchte. Ob er mich wohl bei dem Direktor des Verkaufsressorts einführen würde. Auch hierzu fand er sich sofort bereit, und führte mich so wie ich war, d. h. im Arbeitsanzug, zum Verkaufsdirektor und überließ mir hier das weitere. Dieser Direktor erklärte mir im Laufe unserer Unterhaltung, daß bei Westinghouse keine Ausländer als Verkaufsingenieure eingestellt würden, nicht einmal Engländer. Ich ließ mich aber nicht so ohne weiteres abweisen, sondern setzte ihm energisch zu und erklärte schließlich, „but I want to". Er mußte wohl einen günstigen Eindruck von meiner Fähigkeit, „prospects", d. h. Käufer zu gewinnen, bekommen haben, denn er antwortete lächelnd: „Well, if you absolutely want to, we shall have to." Er nannte mir nun die verschiedenen Verkaufsgebiete, von denen ich mir den Engrosverkauf von Motoren aussuchte. So war ich zunächst einmal am Ziel, bei einem allerersten Unternehmen der Elektroindustrie im Vertrieb tätig zu sein.

Hier aber wie auch später in anderen Ländern, wo mir sehr attraktive Aufgaben übertragen wurden, hatte ich den Eindruck, daß neben dem persönlichen Eindruck die sorgfältige geschlossene Ausbildung in Schule, Werkstattpraxis, das Diplom einer deutschen Hochschule und die Tätigkeit bei der AEG ausschlaggebende Empfehlungen waren.

Bei der Westinghouse Electric[3] begann nun meine Ausbildung als Verkaufsingenieur. Mit der Fabrikation und den Fabrikaten war ich ja zum mindesten auf gewissen Gebieten vertraut oder besser gesagt, ich hatte einen Eindruck. Im einzelnen half das sehr gute und wichtige Informationsmaterial über die Motore, aber auch über ihre Inanspruchnahme durch die einzelnen Typen von Arbeitsmaschinen. Der Leiter der Informations-Abteilung, dem ich überantwortet worden war, fragte mich, seit wann ich in den USA sei. Ich sagte seit drei Monaten. „Dann müssen Sie ja Tag und Nacht gearbeitet haben. Daß Sie kein Amerikaner sind, merkt man nur daran, daß Sie so richtig sprechen!"

Nachdem ich diese Abteilung durchlaufen hatte, wurde ich einem älteren Verkaufsingenieur des Bezirkes Pittsburgh zugeteilt, den ich auf seinen Verkaufsreisen in diesem sehr großen und industriell sehr intensiven Bezirk begleitete und den Verkaufsverhandlungen beiwohnte. Dieser Teil der Ausbildung war aber nur sehr klein, doch war er für mich, der ich ja ein völliger Neuling im Verkauf war, sehr wertvoll. Daneben fand ich auch Zeit, die besuchten und andere Betriebe zu studieren, z. B. ein Kohlenwerk, aber auch das große Zuchthaus Joliet, wie ich überhaupt alle erreichbaren interessanten Objekte besuchte und besichtigte.

Bald wurde ich nun an das Bezirksbüro Chikago überwiesen, dessen Bezirk etwa so groß war wie Deutschland, mit einem entsprechenden Umsatz. Beim Umzug hatte ich eine Panne, die für die u. U. gelockerten Verhältnisse bezeichnend war. An diesem Tage war „Halloween", das unserem Fastnacht vergleichbar ist. Die Straßen Pittsburghs waren derart mit einer ausgelassenen Menschenmenge gefüllt, oder besser gesagt durch sie verstopft, daß ich nicht rechtzeitig zum Bahnhof gelangte und meinen Schlafwagen verpaßte. Mein Fehlen war aber im Büro nicht aufgefallen, da ich von der Pittsburgher Zentrale gar nicht avisiert worden war. In der Westinghouse-Zentrale hatte man einen besonderen Feldzug geplant. Man wollte den Stromversorgungsunternehmen überall Verkaufsingenieure zur Verfügung stellen, die die noch nicht angeschlossenen Industriebetriebe der Gegend für eine Umstellung auf eine elektrische Energieversorgung gewinnen sollten. So schickte man mich nach Fond du Lac im Staate Wiskonsin zum dortigen Elektrizitätswerk, wo ich nun auf die Menschheit losgelassen wurde. Ich ging durch die Straßen und horchte, ob irgendwo ein Gasmotor puffte. War dies der Fall, so ging ich hinein und versuchte, den Manager von den großen Vorzügen des elektrischen Einzelantriebes zu überzeugen. Es galt also Kontakt, Vertrauen zu gewinnen, ein technisch richtiges Angebot zu machen und nach Möglichkeit einen Auftrag auf eine Reihe von Motoren zu bekommen und ihn schwarz auf weiß zu landen. Dies ist mir verschiedentlich gelungen, obwohl, wie man mir in dem angenehm überraschten Filialbüro Chikago sagte, daß es im allgemeinen nötig ist, drei Besuche, also Reisen, pro Kunden zu machen. Für jeden Besuch hatte ich ebenda einen Bericht zu diktieren.

In Fond du Lac sah ich den ersten Indianer, nämlich einen Briefträger. Interessanter war es, daß ich in meinem Hotel auch William Jennings Bryan traf, den

[3] Waldemar Koch, Die Organisation der Westinghouse Electric and Manufacturing Company in Pittsburgh. In: Technik und Wirtschaft, Berlin 1908, Heft 11 und 12.

Verteidiger der Silberwährung, der seine dritte Kandidatur für die Präsidentschaft der USA betrieb. Ich wurde mit ihm bekannt gemacht und hörte abends auch einen Vortrag von ihm. Bryan machte einen günstigen und seriösen Eindruck, doch ist damals nicht er sondern Franklin Roosevelt zum Präsidenten gewählt worden. Wie die vox populi den letzteren beurteilte, kann man aus einer Unterhaltung ersehen, die ich in Chikago mit einer befreundeten Amerikanerin über die Nation der USA als solche hatte. Ich hatte gesagt, daß trotz der vielen großen Leistungen ich doch nicht sagen könne, daß diese Nation auch nur ein einziges Genie hervorgebracht habe. Darauf die Antwort: „How about Roosevelt?" Allerdings war Franklin Roosevelt eine sehr starke Persönlichkeit. –

Eine weitere Verkaufsreise führte mich an den Mississippi, der in seiner Größe und Stromgewalt einen eindrucksvollen Einblick in das weite Iowa bot. Auf der Illinois-Seite wurde ich auf eine mittelgroße Wagenräderfabrik angesetzt, die einem ehemaligen Deutschen gehörte. Bei ihm wurde ich durch den Eigentümer des Elektrizitätswerkes, für das ich arbeitete, als ein Graduate der TH Charlottenburg eingeführt. Es gelang mir in dreitägigen zähen Verhandlungen, einen unterschriebenen Auftrag auf den Einzelantrieb sämtlicher Arbeitsmaschinen dieser Fabrik mit Elektromotoren zu erhalten. Hier muß man auch die Entschlußkraft der Amerikaner anerkennen. Wo würde in Deutschland ein Unternehmen einem angereist kommenden Verkaufsingenieur so rasch einen verbindlichen Auftrag erteilen, der eine völlige Umstellung der Fabrikation auf Einzelantrieb bedeutete?

Bei den Verhandlungen stand ich selbst allerdings unter Zeitdruck, denn ich wollte noch die Weihnachtsfeier erreichen, die ein aus deutschen Ingenieuren bestehender Verein an einem der nächsten Abende in Chikago hatte. Nur die Tatsache, daß der aus der Ferne kommende Zug sechs Stunden Verspätung hatte, ließ mich diesen wie auch die vergnügten Landsleute und Fachkollegen erreichen. Immerhin war dieser Verein bezeichnend für die Zahl der deutschen Ingenieure, die sich in den USA durchgesetzt hatten.

Bei der Westinghouse in Chikago hatte ich durchweg erfolgreich gearbeitet. Das verhinderte aber nicht, daß man mir noch im Januar kündigte. Das, was man als unmöglich angesehen hatte, war geschehen, die Westinghouse Electric & Manufacturing Company, vergleichbar in den USA nur der General Electric Company, in der übrigen Welt nur der AEG und Siemens & Halske, hatte ihre Zahlungen eingestellt. Wohl war sie ein blühendes Unternehmen, doch war für die hereingeholten großen Geschäfte nicht das hinreichende Kapital vorhanden. So mußte man sich umstellen. Die leitenden Personen mußten sich mit erheblichen Abstrichen von ihrem Gehalt einverstanden erklären, der Stab wurde allgemein verkleinert. Im Büro Chikago traf mich als den Jüngsten das Los. Da konnten die Erfolge keine Rolle spielen. Übrigens brachte 1927/28 den USA eine allgemeine Krise, die vor allem eine Bankenkrise war. Dies wurde mir erst dadurch recht deutlich, daß ich, als ich im Zuge meiner Übersiedlung von Pittsburgh nach Chikago mein „Vermögen" auf eine dortige Bank überführte, die der Westinghouse-Filiale gegenüber lag, von dem Präsidenten dieser Bank ein Anerkennungsschreiben erhielt, das meinem Mute galt, mein Geld einer Bank anzuvertrauen. Das tat im Augenblick offenbar kein Mensch.

(Auch meinem Freunde Bender, mit dem ich in Charlottenburg manches Mal die Säbelklingen gekreuzt hatte, wurde von der Link Belt Co. am gleichen Tage wie mir gekündigt.)

Die Westinghouse und ich schieden in voller Freundschaft, und man erbot sich, mir nach Kräften zu helfen. Im Zeugnis hieß es, ich sei „an exceptionally intelligent man". Bei der Auszahlung meines Guthabens war man dadurch äußerst beeindruckt, daß ich darauf aufmerksam machte, daß ich der Zentrale in Pittsburgh einen Reisevorschuß von 10 Dollar schuldete, der abzuziehen sei. Das schien bei ihnen noch nicht vorgekommen zu sein.

Das Amüsante war, daß mir die Kündigung höchst willkommen war. Wenn ich nach meinem Plan in drei Jahren um die Welt kommen wollte, so konnte auf die ausgewählten einzelnen Länder und gefundenen Stellungen nur je ein entsprechender Zeitraum entfallen. Ich stand also immer vor der Notwendigkeit, mich von den Unternehmen wieder zu trennen. Das wollte ich doch möglichst in Freundschaft tun. Daß mir dies überwiegend mit einer gewissen Eleganz gelungen ist, betrachte ich, trotzdem in diesen Ländern die Anstellungsverhältnisse alles andere als konservativ waren, als ein gelungenes Kunststück.

Mein hauptsächlichster Gewinn bei meiner Tätigkeit bei Westinghouse lag übrigens nicht in materieller Richtung. Unverhältnismäßig wertvoller war der tiefe Einblick, den ich in die Organisation dieses Weltunternehmens erhielt, über den die Literatur bis dahin nichts enthielt. Ich veröffentlichte in „Technik und Wirtschaft" 1908, der Zeitschrift des Vereins deutscher Ingenieure, nach meinem Ausscheiden bei Westinghouse einen Aufsatz (18½ Druckseiten) über „Die Organisation der Westinghouse Electric & Manufacturing Company", von dem mir Matchoss, der Herausgeber, bei einem Besuch in Berlin sagte, daß er der beste Aufsatz über industrielle Organisation sei, den sie bis dahin veröffentlicht hätten.

Meine Absicht, demnächst nach Argentinien zu gehen, stand vor der Kündigung bereits fest. Schon seit einer Weile nahm ich daher in einer Chikagoer Abendschule Unterricht in spanischer Sprache. Chikago habe ich aber in seinem Schwung und seiner Eigenheit sehr genossen. Damals war es wohl keine hundert Jahre alt, aber schon eine Riesenstadt, mit mehreren Millionen Einwohnern, einem wilden Gemisch, mit teils z. B. am Michigan See sehr schönen Stadtteilen, teils anderen, die man nur als finster bezeichnen konnte. Auch sie habe ich studiert, doch war es riskant auf dem Bürgersteig zu gehen, weil man hier von irgendeinem Hausflur aus hätte „sandbagged" und dann ausgeplündert werden können. Immerhin war es anheimelnd, daß ich in dieser Gegend ein Restaurant mit einem Wirtshausschild fand, das den tanzenden Domino zeigte, den Reznicek einmal in der „Jugend" veröffentlicht hatte. In dem nächsten Lokal, das ich betrat, bekam man beim Eintritt gleich eine Dame ausgehändigt, mit der zusammen man unten eine Flasche Bier trinken konnte; oben standen aber, wie mich meine Gefährtin orientierte, Zimmer zur Verfügung, die für Genüsse anderer Art den nötigen Komfort bereitstellten. Doch nahm man es auch nicht übel, wenn man sich mit dem Parterre begnügte.

Übrigens war die Gegend, in der ich wohnte (4795 Calumet Ave.) zwar sehr viel ansehnlicher, aber keineswegs sicherer. Es genügte nicht, daß man einen Revolver bei sich hatte, sondern man mußte ihn in der Hand so tragen, daß man gleich durch die Tasche schießen konnte.

Über die nicht uninteressante Unterschiedlichkeit der Chikagoer Bordelle je nach der national verschiedenen Aufziehung, z. B. ob französischer oder amerikanischer Stil, ließe sich noch manches sagen, doch würde dies hier wohl zu weit führen. Auch würde dies wohl die Frage auslösen, wieso ich diese Sachkenntnis erworben habe. Ich kann aber versichern, daß z. B. der Forscher, der Gifte studiert, sie nicht persönlich herunterzuschlucken braucht.

Sehenswert war natürlich auch die Wirtschaft Chikagos, besonders soweit es sich um Unternehmungen handelte, für die Chikago der zentrale Standort war. So die Fleisch-Packing-Industrie, die in den Stock-Yards ihren zentralen Standort hat. Hier gab es vier Großbetriebe, von denen Armour & Co. das bedeutendste war. Sie alle waren von einem schweren Schlag getroffen worden. Upton Sinclair hatte in seinem berühmten Buch „The Jungle" Einzelheiten über die Herstellung von Fleischkonserven geschildert und dabei behauptet, daß, als ein oder einige Arbeiter in den Wurstkessel gerieten, sie gleich mitverarbeitet wurden. Natürlich erregte dies ungeheures Aufsehen. Die weitere Folge war, daß niemand mehr Fleischkonserven essen wollte, so daß sich eine ernste Absatzstörung ergab.

Upton Sinclair, der nur über sehr bescheidene Mittel verfügte, hatte vorher sechs Wochen in dem Stock Yard Bezirk verbracht, bei den Arbeitern u. a. Informationen gesammelt und sich schwer überarbeitet. U. a. berichtete er in seinem Buche[4], daß Arbeiter, die in einen Kessel gerieten, unverzüglich zu „feinstem Schmalz" verarbeitet würden. Nach dem Erscheinen des „Jungle", das größtes Aufsehen erregte, wurden zur Verwischung der Nachweise die Witwen angeblich in ihre alte Heimat verbracht.

Schon die Unterbringung des Manuskriptes hatte große Schwierigkeiten bereitet. Fünf Verleger hatten abgelehnt. Einer von ihnen, Lincoln Steffens, erklärte: „Es ist nutzlos, unglaubliche Dinge zu erzählen, auch wenn sie wahr sind." Als es aber gelang, das Interesse von Theodore Roosevelt zu finden, der die Richtigkeit der Schilderung durch einen Unterausschuß nachprüfen ließ, riß man sich um das Verlagsrecht. Das Buch wurde in 17 Sprachen übersetzt. Es ergab sich ein ungeheurer Skandal. Inzwischen hörte die Menschheit auf, Corned Beef zu essen. Upton Sinclair aber erging es wie Byron, der eines Morgens als ein berühmter Mann aufwachte.

Armour, dessen Betrieb ich besichtigte, war der Situation u. a. dadurch begegnet, daß er die Fabrikation allgemein zur Besichtigung freigab. Man hatte sogar für die Besucher Laufstege errichtet, die durch die gesamte Fabrikation führten. Auf diese Weise habe ich zum ersten Mal eine Fabrikation am laufenden Band besichtigt, und zwar die Verarbeitung von Schweinen und Ochsen. Nachdem die Schweine mit einem Hinterbeine an einem großen Rad, eines nach dem andern, in ununterbrochener Folge aufgehängt und ebenso stetig abgestochen worden waren, kamen sie oder die Zwischenprodukte mit keiner menschlichen Hand mehr in Berührung.

Ganz anders als die Stock Yards war meine letzte Besichtigung, die einer sozialen

[4] Upton Sinclair, American Outpost, Tauchwitz Edition, 1932, Nr. 5060, S. 175.

Institution, dem Hull House, galt, das von der sehr bekannten Jane Adams geschaffen worden war, um den arbeitenden Klassen Möglichkeiten zu bieten.

Meine für Chikago verfügbare Zeit war inzwischen abgelaufen. Wir schrieben Januar 1908, und es zog mich nach Argentinien. Der Weg ging über *New York,* das ich im wesentlichen in ganz anderer Weise genoß. Jetzt erst kam ich dazu, die angebotene Gastfreundschaft meines Onkels Ferdinand Frerichs, Vetter meiner Mutter, zu genießen. Das bedeutete, daß mir auch sein New Yorker Club zur Verfügung stand. Noch wertvoller war eine Loge in der Metropolitan Opera, in der ich die schönsten klassischen Opern, u. a. Mozarts Don Giovanni, von Gustav Mahler dirigiert, vorgesetzt bekam, ferner in der Hammerstein Opera meine Lieblingsoper „Hoffmanns Erzählungen". Auch am gesellschaftlichen Leben konnte ich während der mir zur Verfügung stehenden Zeit teilnehmen, hatte ich mich doch mit drei Koffern auf meine Studienreise begeben. Ebenso sah ich die Schätze New Yorks, die in seinen Galerien und Museen aufgespeichert lagen.

Zwischendurch konnte ich aber noch die Beratung eines Finanzsyndikates durchführen. Dieses hatte von einem Konstrukteur die Rechte auf eine Schreibmaschine besonderer Art erworben. In den USA spielte schon damals die Werbung eine sehr große Rolle, und wie noch heute, versandte man Werbebriefe an Einzelpersonen, deren Anschrift und Anrede nachträglich an Hand einer Liste eingesetzt wurde. Der Empfänger reagiert nun unterschiedlich, je nachdem es sich um eine rein individuelle Werbung handelt oder um eine Reihenwerbung mit nachträglich eingesetzter Adressierung, die vielfach ungelesen in den Papierkorb wandert. Die mir vorgeführte Konstruktion schrieb an Hand einer Kartothekkarte auf einen Briefbogen zunächst Adresse und Anrede, dann den immer gleichlautenden Werbetext einschließlich Schlußformel, so daß er nur noch zu unterschreiben war. Der Brief wirkte dann völlig individuell. (Auf die Unterschiedlichkeit der Auswirkung beim Empfänger je nach Farbe des Briefpapiers, Zeitpunkt des Eingangs mit der Morgen- oder Nachmittagspost, Schrift, Sprache usw. bin ich später an anderer Stelle eingegangen[5].)

Der Erfinder hatte auch ein Modell vorgeführt, das gut funktionierte. Daraufhin wurde zwischen ihm und der „Automaltigraph" der Verwertungsvertrag geschlossen. Zunächst war vom Erfinder noch ein Fabrikationsmodell zu liefern. Auch dieses lag vor, doch funktionierte es leider nicht. Ich wurde nun vom Finanzkonsortium gebeten, mir die Konstruktion und das neue Modell anzusehen und nach Möglichkeit festzustellen, wo der Fehler lag. Das ging verhältnismäßig leicht, denn es lag nur ein Kurzschluß vor. Für mich schaute eine Einladung zu einem sehr üppigen Abendessen bei dem Führer des Syndikats (mit einem inhaltsreichen Briefumschlag unter dem Gedeck) heraus, das durch eine bildschöne Tochter noch außerordentlich inhaltsreicher gemacht wurde. Man hätte sich gern fesseln lassen, doch war ich schon gefesselt und nicht nur durch meinen Reiseplan, der mich in den nächsten Tagen nach Südamerika führen sollte.

Diesmal fuhr ich nicht mehr so luxuriös wie auf der „Kaiserin Augusta Victoria". Als den größten Gewinn meines Aufenthaltes in den USA sah ich die veränderte

[5] Waldemar Koch, Grundlagen und Technik des Vertriebes, zweite Auflage, Berlin 1958, Bd. I, S. 436.

Einstellung zur Arbeit an. Ich hätte mich vor keiner Arbeit geniert, auch nicht vor Handarbeit. Ich bin nie um des Unterhalts willen darauf angewiesen gewesen, aber es hätte mich gar nicht besonders berührt, wenn es zu einer solchen gekommen wäre. Das wirkliche Risiko, das ich damals noch nicht übersah, lag darin, daß mein Plan mich z. T. in Länder führte, in denen Handarbeit nur von Eingeborenen verrichtet wurde. Aber man wird noch sehen, daß alles gut ging. Ich brachte eben eine gute Ausbildung mit und war im übrigen vom Glück begünstigt.

Zunächst war nun die Reise nach Brasilien ökonomisch zu organisieren. Ich stellte fest, daß demnächst ein Dampfer der englischen Lamport & Holt Linie dorthin und darüber hinaus fuhr. So ging ich zu dem technischen Direktor der New Yorker Niederlassung und trug ihm meinen Wunsch vor, mit einem ihrer Dampfer als Maschinistenassistent nach Rio de Janeiro zu fahren, d. h. unentgeltlich! Er sah sich meine Anlagen und Zeugnisse an und verschaffte sich zusätzlich durch die Unterhaltung ein Bild meiner Persönlichkeit. Dann stimmte er zu, und so war ich plötzlich „6. engineer" des Dampfers „Tennyson". Bedingung war nur, daß ich meine Tätigkeit schon am nächsten Tage aufnahm. Offenbar wollte man sich vergewissern, daß ich nicht nur ein Vergnügungsreisender war, sondern darüber hinaus ein seriöser Arbeiter mit fachlichen Kenntnissen. So führte ich während der nächsten Tage ein Doppelleben, tags im Arbeitsanzug im Maschinenraum der „Tennyson" und abends im Frack oder was immer gegeben war, in der New Yorker Gesellschaft.

Die Gewährung der freien Überfahrt gegen eine Tätigkeit als „Ingenieur" war natürlich eine große Freundlichkeit, denn es war ja nicht etwa eine Stellung vakant. Im Verlaufe meiner Reisen habe ich etwas derartiges nicht wiederholen, wohl aber bei anderen beobachten können. Dabei handelte es sich, soweit ich es sehen konnte, immer um nicht deutsche Dampfer. Deutsche Reedereien hatten wohl einen zu exakten Dienstbetrieb.

b) Südamerika

Ende Januar 1908 fuhr ich mit der „Tennyson" in Richtung Südamerika los. Ich aß mit den übrigen Schiffsingenieuren und tat im übrigen meinen Dienst. Dieser war nur in den ersten Tagen im Maschinenraum, wo ich die übliche Wache ging, d. h. vier Stunden Wache und acht Stunden „Freizeit", in welch letzterer aber auch irgendwelche Sonderarbeiten außerhalb von Maschinen- oder Kesselraum durchzuführen waren. Das galt also zweimal innerhalb von 24 Stunden. Diese Einteilung war von unterschiedlicher Annehmlichkeit und man sprach daher, jedenfalls bei der deutschen Marine, von Herrenwache (8—12 Uhr), Hundewache (12—4 Uhr) und Mittelwache (4—12 Uhr). Die Hundewache bedingte, daß man nachts um ³/₄12 Uhr aus dem Schlaf gerissen wurde und um 4.15 Uhr nicht gut wieder hineinfand. Die Zeit wurde übrigens nicht nach Stunden, sondern nach „Glasen" bezeichnet. Acht Glasen waren eine volle Wache und wurde durch acht kräftige Schläge an die Schiffsglocke verkündet, die Halbstunden durch entsprechend weniger Schläge von einem Schlag bis zu acht Schlägen.

Indessen gab es für mich nach einigen Tagen eine andere Aufgabe, nämlich die Durchführung aller elektrischen Arbeiten, die an Bord anfielen. Damit fiel meine Arbeitszeit in den Tag (acht Stunden), was sehr viel angenehmer war. Dieser Arbeit war ich auch technisch gewachsen, da ich einmal in den Hochschulferien in den elektrotechnischen Werkstätten und an Bord der Schiffe des Norddeutschen Lloyd tätig gewesen war.

Die Zusammenarbeit mit meinen engeren Kollegen war durchaus gut. Lebhafte Auseinandersetzungen gab es nur über das „blaue Band“, das jahrelang in den Händen deutscher Reedereien bez. ihrer schnellsten Dampfer gewesen war. Bei ihm handelte es sich um die kürzeste Überfahrtzeit zwischen England und New York. Die Übertrumpfung ließ natürlich die ganze Nation, insbesondere aber die Besatzungen der englischen Dampfer jubeln, und meine englischen Kollegen konnten es natürlich nicht unterlassen, mir dies dick unter die Nase zu reiben. In Wirklichkeit waren die Schiffahrtswege gar nicht vergleichbar.

Als Wohnraum hatte ich eine Kabine II. Klasse für mich allein. Auf diese Weise war ich viel mit den Passagieren zusammen. Ich erinnere mich insbesondere eines Argentiniers, der mir bei meinem täglichen Studium des Spanischen half. Mein Lehrbuch des Spanischen, ich besitze es noch heute, hatte ich von Chikago mitgebracht; aus Rücksicht auf nationale Empfindlichkeiten war es als Gramatica Castellana betitelt. An Bord fertigte ich täglich die Übersetzung meines Pensums aus dem Spanischen ins Englische und umgekehrt aus dem Englischen ins Spanische. Diese Übersetzung wurde mir von dem erwähnten Argentinier durchgesehen. Auch nahm ich an den Plaudereien der Passagiere teil, die den verschiedensten Nationen entstammten. Einmal war ich dabei, wie sich je ein Argentinier, ein Brasilianer und ein Italiener unterhielten, wobei jeder seine Muttersprache redete, alle aber einander verstanden, obwohl diese Idiome keineswegs gleich, sondern nur verwandt sind.

Wunderbar waren die Abende, die wir auf dem Achterdeck plaudernd verbrachten. Je näher wir dem Äquator kamen, um so mehr änderte sich der Sternenhimmel. Sternbilder tauchten auf, die ich nie gesehen hatte, wie Las tres Marias u. a. Vor allem zwar dunkelste Nacht, nie eine Wolke, aber der Himmel übersät mit Sternen. Und noch eine zusätzliche Lichtquelle, im einzelnen klein, aber durch den Kontrast sehr eindrucksvoll. Es waren dies die Kleinlebewesen im Meere, den Glühwürmchen entsprechend. Von der Schiffsschraube aufgewühlt, sprühten sie unaufhörlich grünliche Lichtblitze aus. Ein himmlischer Eindruck, dessen Wesen sich durch Worte nicht wiedergeben läßt.

Die wenigen Passagiere der II. Klasse waren alle untereinander bekannt. Am schönsten war Maria; natürlich war sie auch die begehrteste, zugleich aber auch die menschenfreundlichste, so daß sie sich in einer Nacht, wie mir berichtet wurde, drei Männern nicht versagt hatte. Offenbar hatte sie die Auffassung, daß Gott von ihr verlangte, nicht geizig mit ihrer Schönheit umzugehen.

An Bord hatte es sich herumgesprochen, daß ich Doktor sei. So kam Maria zu mir und bat mich, sie zu untersuchen, weil sie am Körper einen Ausschlag habe. Ich hatte Mühe, ihr zu erklären, daß ein Doktor nicht immer ein Arzt sei, so daß ich ihr nicht zu helfen vermochte.

aa) Brasilien, Uruguay

Das größte südamerikanische Land war und ist Brasilien, so groß, daß es noch heute zum großen Teil unerschlossenes Urwaldgebiet ist. Die Bevölkerung besteht zum großen Teil aus Indianern, aber vielfach auch aus Negern, eingewanderten Europäern und zwar hauptsächlich Portugiesen, wie ja Brasilien ursprünglich eine portugiesische Kolnie, später ein Kaiserreich war, das mit dem Königreich Portugal durch Personalunion verbunden war. Die Losreißung hatte ich noch selbst erlebt. Witte, ein um einige Jahre älterer Mitschüler, Leutnant in der die Revolution tragenden brasilianischen Marine, lief zeitweise in seiner Marineuniform in den Straßen Bremerhavens herum und imponierte uns nicht wenig.

Erstaunlich war, wie in Brasilien das Verhältnis der Negerbevölkerung zur an Zahl geringen Weißen ganz anders war als in den USA, die Distanz sehr viel geringer — wie übrigens auch in den anderen portugiesischen Kolonien. In der Tat waren aber die brasilianischen Neger sehr viel kultivierter als die nordamerikanischen. So grüßten sich die brasilianischen negerblütigen Frauen, um nicht zu sagen Damen, die ich in Rio de Janeiro sah, in einer ausgesprochen graziösen Weise.

Der erste Hafen, den wir anliefen, war Bahia, eine Stadt von einigen hunderttausend Einwohnern. Am meisten beeindruckte mich, der ich bis dahin nur in protestantischen Ländern gelebt hatte, die große Zahl der Kirchen. Im Tagesleben ist mir in der Erinnerung gbelieben, wie in einem Kaufmannsladen zehn kleine Negerlein, alle völlig nackt und nur mit je einem Henkelkorb ausgerüstet, für ihre Mütter einkauften. Ein weißes Mädelchen, das ich im Vorgarten einer Villa sah, war allerdings vorgeschritten, indem es zwar auch keine Kleider aber wenigstens Schuhe anhatte. Natürlich war dies alles durch das heiße Klima bedingt.

Sehr sympathisch wurde mir Bahia dadurch, daß man vier Ananas, meine Lieblingsfrucht, für den Gegenwert von einer Mark haben konnte.

Besonderes gab es in dieser reinen Handels- und Hafenstadt nicht zu sehen, so daß ich mit der „Tennyson" weiterfuhr. Nun ging es auf mein erstes Zwischenreiseziel zu, Rio de Janeiro, der damaligen und auch fast noch heutigen Landeshauptstadt. Doch wurde inzwischen eine neue Hauptstadt, Brasilia, an ganz anderer Stelle in die leere Landschaft hineingebaut, um eine Kapitale zu schaffen, die vom Alltagsleben, vom Handel, Industrie, Landwirtschaft u. a. völlig getrennt sein soll. Ob dies gelingt bleibt abzuwarten, da die Regierungsbeamten, wie man liest, wenig geneigt sind, sich in die Einsamkeit zu begeben.

Die „Tennyson" verließ ich erst in Rio de Janeiro, damals die politische und wirtschaftliche Landeshauptstadt. Doch ich wollte sie nicht nur im Vorübergehen besichtigen. Rio war und ist auch landschaftlich eine großartige Stadt, die an einer Bucht liegt, die ringsum geschlossen ist oder doch so aussieht, denn sie hat natürlich eine Einfahrt. Auf der einen Seite liegt die Großstadt, die 1908 noch keine Wolkenkratzer hatte, wohl aber stattliche staatliche und andere Gebäude, wenn auch z. T. etwas süßlich im Stil. Die Stadt zog sich den Berg hinauf. An einem Ende gibt ein Berg, der Corcovado, der Silhouette eine kräftige Betonung. An ihm vorbei und um ihn herum hat sich in den folgenden Jahrzehnten das Häusermeer zum Atlantik hin ausgeweitet. Der Hafen liegt voller Schiffe.

Die Landung wurde einem durch die Zollbeamten allerdings nicht gerade leichtgemacht. Alle Anzüge in den Koffern mußten herausgenommen werden, um an Hand von Falten zu prüfen, ob es sich um getragene oder neue Anzüge handelte, für welch letztere Zoll erhoben werden würde. Die Kontrolle war so schikanös, daß wir uns entschlossen, alle Koffer bis zur Ausreise unter Zollverschluß zurückzulassen.

Nachdem wir, der Argentinier und ich, uns ein Hotelzimmer beschafft hatten, ging es an die Besichtigung dessen, was Rio bot. Brasilien war und ist das größte Kaffeeland der Erde, jedenfalls der Quantität nach. Mehrfach mußte der Staat im Interesse der Kaffeepflanzer durch Preisstützungen (Valorisationen) eingreifen, die dann wieder zur Überproduktion und Anbaubeschränkungen führten. Die Qualität des Brasilkaffees war im allgemeinen nicht so gut wie etwa in Guatemala und anderen mittelamerikanischen Ländern. Immerhin konnte man aber selbst im gewöhnlichsten Wirtshaus der südamerikanischen Länder eine Tassee Kaffee, der im allgemeinen mit der halben Menge Zucker gesüßt wurde, zum Preise einer Straßenbahnfahrt, d. h. zu einem minimalen Preise vorgesetzt bekommen.

Eine lohnende Besichtigung galt dem in Rio gelegenen Kaffeemuseum, in dem man insbesondere alle Sorten studieren konnte, einschließlich des Mokkas, der nicht etwa aus Arabien kommt, sondern bei dem es sich um ausgesuchte brasilianische Bohnen handelt.

In Rio habe ich auch die sehr schöne Umgegend durchwandert. Dabei gab es etwas besonderes. In Tichuca sah ich Ameisen auf der Wanderschaft in einem Strom von vielleicht 5 cm Breite, der schon seit drei Tagen unaufhörlich den Weg überquerte. Er bestand aus lauter Zügen von etwa 100 Ameisen, denen jeweils ein Führer voranging. Als wir zur Prüfung des Verhaltens eine solche Führerameise beseitigten, machte dieser Zug kehrt und wanderte zurück, genau im großen Zuge des ganzen Ameisenvolkes.

Ich besuchte auch die AEG-Vertretung für Brasilien, Fa. Behrens. Mit Dr. Winden, dem von der AEG beigegebenen deutschen Ingenieur, sprach ich eingehend über das Projekt der Errichtung eines brasilianischen Stahlwerkes, von dem in diesem Lande noch nicht ein einziges vorhanden war. Selbstverständlich sollte er technischer und ich kaufmännischer Leiter werden. Von Buenos Aires aus habe ich noch eine eingehende schriftliche Planung vorgenommen, doch scheiterte diese von vornherein daran, daß ich nicht bereit war, meinen Plan einer Fortsetzung meiner „Reise um die Welt“ fallen zu lassen. So im Handumdrehen lassen sich aber solche Gründungen doch nicht bewerkstelligen. Einige Jahre später, als ich wieder bei der AEG in Berlin war, kam auch Dr. Winden zum Besuch dort an. Als er bei Emil Rathenau, dem Generaldirektor der AEG, vorsprach, um ihm über Brasilien zu berichten, erwähnte er auch das immer noch nicht durchgeführte Stahlwerksprojekt und flocht dabei ein, daß er inzwischen eine stahlmetallurgische Erfindung gemacht habe. Rathenau erwiderte trocken, daß ihm alle Erfinder von vornherein unsympathisch seien, eine Maxime, die jeder verstehen wird, der passiv mit der Verwertung, d. h. dem Erwerb von Erfindungen und mit ihrer Realisierung zu tun gehabt hat.

In Rio schloß mein Aufenthalt mit der Vorfeier zum Karneval. In der Hauptsache bestand sie aus einem Festzug, der durch die Hauptstraße zog, und malerische

Bilder zeigte, wie etwa einen Caballero durch die Straße galoppierend mit einer hinten aufgesessenen Señora, anscheinend ohne Sattel.

An Schauspielen sah ich zum erstenmal in meinem Leben ein Stiergefecht. Allerdings war es weniger dramatisch als in den spanischen Ländern, indem der Stier nicht getötet wurde, ebensowenig die im Kampfe von den Picadores verwandten Pferde, die aber deshalb weit besser und schöner waren, als die in spanischen Ländern von den Picadores gerittenen Klepper, die wehrlose Opfer der Stiere waren. Darauf komme ich anläßlich eines großen Stiergefechtes in Lima (Peru) zurück, das ich dort sah.

Mein Begleiter, der Argentinier, und ich, deren Ziel Buenos Aires war, bestiegen nun einen weiteren Dampfer, diesmal einen spanischen mit entsprechender Besatzung. Der nächste Hafen war *Santos,* der größte brasilianische Verschiffungshafen für Kaffee, außerdem der Hafen für *São Paulo,* dem brasilianischen Industriezentrum, heute eine Weltstadt mit einem Meer von Wolkenkratzern.

Santos war mir aus meiner Jugend in einer schlimmen Erinnerung. Damals, etwa 1890, war dieser Hafen weitgehend vom gelben Fieber verseucht, so daß ein Teil der Besatzung der dort anlegenden Dampfer, die ja meist aus Bremerhaven stammte, binnen wenigen Tagen von diesem Fieber hingerafft wurde. Es war sogar schwierig, in Bremerhaven die Besatzung einschließlich Offiziere für diese Fahrt zu heuern. Schließlich half man sich dadurch, daß nach Einlaufen dieser Dampfer die Besatzung unverzüglich in Wohnhäusern untergebracht wurden, die in nahen fieberfreien Gebirgsgegenden lagen. Als ich in Santos war (1908), war Santos aber dauernd völlig fieberfrei, eine Voraussetzung für eine geregelte Seeschiffahrt. Außer dem Laden und Stauen der Kaffeesäcke, das zu meiner Zeit von Hand und durch Tragen auf dem Rücken geschah, gab es in Santos nichts besonderes zu sehen, jedenfalls ist mir nichts in Erinnerung geblieben. Auch habe ich von Brasilien weiter nichts gesehen, da wir die Häfen Porto Alegro und Rio Grande und damit die Staaten Parana, Sta. Catharina sowie Rio Grande do Sul überschlugen.

Das nächste Land, *Uruguay,* hatte einen wesentlich anderen Charakter als Brasilien. Zwar war es nur etwa ebenso groß wie Rio Grande do Sul, der benachbarte südlichste Staat Brasiliens. Das vorgelagerte Uruguay war aber von einer weißen Bevölkerung bewohnt, seine Hauptstadt Montevideo desgleichen, die eine große lebendige Hafenstadt war. Ich hatte das Glück, hier den Hauptfesttag des Karnevals zu verleben. Jede Handwerksinnung marschierte geschlossen in dem großen Festzug. Hier erinnere ich mich z. B. der Pescadores (Fischer), von denen jeder sein Netz schulterte. Noch mehr erinnere ich mich der vielen Wagen schöner Mädchen, die aus der trennenden Entfernung heraus uns alle anstrahlten.

Montevideo war sehr schön, aber es war nicht in meinem Reiseplan verzeichnet. Indessen mußte bald gelandet werden, um wieder rechtzeitig Geld zu verdienen. Zwar war ich in der Lage, mich noch einstweilen zu finanzieren, doch durfte ich nicht etwa finanziell stranden. Übrigens reiste ich mit USA-Dollar, in Gold und in Papiergeld. Buenos Aires war das einzige Land, wo man für USA-Papiergeld einen höheren Kurs erhielt als für Golddollar.

Von Montevideo nach Buenos Aires war sozusagen nur ein Katzensprung. Beide Städte liegen am Rio de la Plata, der hier aber die Weite einer Meeresbucht hatte, über die man in geräumigen und eleganten Dampfern innerhalb einer Nacht hinüberfuhr.

bb) Argentinien

Buenos Aires („Schöne Lüfte") war schon damals (1908) eine Weltstadt mit wohl 1 bis 2 Millionen Einwohnern. Sie war die Hauptstadt des Landes Argentinien, aber nicht der Provinz Buenos Aires. Zu meiner Zeit (1908) wurde das Land demokratisch oder vielleicht besser gesagt oligarchisch regiert. Im Parlament saß nur ein Sozialdemokrat, ein junger Rechtsanwalt, den ich einmal besucht und nach den Verhältnissen ausgefragt habe. Ganz leicht hatte er es im Parlament nicht. Während in der Debatte jeder Abgeordnete nach seinem Wohn- und Wahlbezirk bezeichnet wurde, z. B. Cordoba, Rosario usw., wurde während meiner Anwesenheit in Buenos Aires der sozialdemokratische Abgeordnete von einem anderen Parlamentarier als „Dipotado de la Boca" apostrophiert, was etwa einem „Abgeordneten des Wedding" entsprechen würde. Er hatte mir aber ausgezeichnet Auskunft über die argentinischen Verhältnisse gegeben. Hier war die Sozialdemokratische Partei damals die einzige Partei, die ein politisches Programm besaß, während die übrigen Parteien durch die Person ihres Führers und seine politischen Glaubenssätze gekennzeichnet waren.

Buenos Aires war schon 1908 ihrer Anlage nach eine großzügige Stadt. Sie war nicht nur Sitz der Regierung und des Parlamentes, sondern auch der Santa Sede der Katholischen Kirche, des Vertreters des Papstes, einer Universität, zahlreicher zentraler Behörden und Einrichtungen, Industriebetriebe wie insbesondere Versorgungsbetriebe. Sie hatte die größten Hafenanlagen des Landes, in denen Ozeandampfer aus allen Erdteilen lagen. Hier erschienen auch Tageszeitungen von Weltgeltung, wie „La Prensa". Die Oper, „El Teatro Colon", kam den größten europäischen Opern an Größe und Ausstattung des Gebäudes gleich. Die Besucher kamen in Parterre und Logen fast ausnahmslos im Frack und großer Toilette. Den Stadtmittelpunkt bildete die Avenida de Mayo (entsprechend den Linden), an derem einen Ende die Casa Rosa, das Regierungsgebäude lag, in dem der Präsident residierte, am entgegengesetzten Ende das Parlamentsgebäude.

Rechts ging eine nicht breite, aber bedeutsame Straße ab, La Florida, in der damals täglich der Corso stattfand. Junge Argentinierinnen fuhren nachmittags in eleganten Equipagen, keineswegs in Autos, die Florida auf und ab, ohne aber nur einen Blick auf die jüngere Herrenwelt zu werfen, die auf den Bürgersteigen Stehposten bezogen, um die Senoritas gründlich zu besichtigen. Ich habe nicht verfehlt, dieses prächtige Bild nachmittags nach Büroschluß regelmäßig zu genießen. Aber nur von weiten, keinerlei Unterhaltung, kein Gruß, nur schweigende Bewunderung.

Noch am Tage meiner Ankunft suchte ich mir eine Pension, selbstverständlich einfach, aber doch sehr passend, in der zwar nur einige wenige junge oder mittelalterliche Personen, meist spanischer Herkunft, regelmäßig aßen. So verfügte ich sofort über Kontakt, und man war gern bereit, mich mit den Eigenheiten von Buenos Aires bekannt zu machen, mit den Wohnkolonien, in denen jede Familie nur ein Zimmer in einer langen Reihe beanspruchte, Wasserversorgung usw. aber von dem langen Hofe aus erfolgte, der zugleich der Eingang war.

Mein Unterkommen genügte bis zur Gewinnung einer Stellung, um dann an die weitergehende Eroberung von Buenos Aires zu gehen. Vor allem mußte ich einigermaßen fließend Spanisch sprechen. Ein spanisches Sprichwort sagt: „Las mechores maestros son las maestras." „Die besten Lehrer sind die Lehrerinnen." So inserierte ich in der „Prensa", daß ein Ausländer eine Freundin zwecks Unterhaltung suche. Ich bekam auch eine Reihe von Antworten, aber sie paßten nicht so recht. Manche waren sehr vergnügt, gleich von einem Kreise von Freundinnen, sagen wir von einem Kränzchen, aber nicht sehr ernst gemeint; andere waren sogar sehr ernsthaft und gingen gleich auf eine Heirat aus! Als ich der Sache auf den Grund ging, stellte ich fest, daß die sittenstrenge „Prensa" in meinen Entwurf „zwecks Heirat" eingefügt hatte. So führte dann dieser Weg nicht zum Ziele.

Etwas später, nachdem ich inzwischen auch eine repräsentative Stellung gefunden hatte, beschritt ich daher einen anderen Weg. Ich zog zu einer argentinischen Familie, die nicht nur von gutem Range war, sondern auch vier Töchter zwischen 5 und 19 hatte, und einen Sohn von etwa 21 Jahren beim Conseillo Nacional, d. h. bei der Unterrichtsverwaltung. Da wir alle gemeinsam aßen, so hatte ich Konversation in Hülle und Fülle.

Inzwischen hatte ich mich auch um eine geeignete Stellung bemüht, die lehrreich und einträglich sein sollte. Es war so, daß ich eigentlich in nicht wenigen Brennpunkten der Welt Anknüpfungsmöglichkeiten besaß. So auch in Buenos Aires. Hier gab es, wie an zahlreichen Plätzen der Welt, einen Vertreter der AEG, einen Señor Carusio, der auch bereit war, mich anzustellen. Ferner lag die Stromversorgung von Buenos Aires in den Händen der Compania Alemania de Electricidad, die letzten Endes eine deutsche Aktiengesellschaft war. Der ständig erforderliche Ausbau des weitläufigen Netzes lag bei der eigenen Bauabteilung. An ihrer Spitze stand ein Konsemester von mir, ein Dipl.-Ing. Leiser, der schon während des Studiums an der TH Charlottenburg mir als einzigster durch sein schwungvolles Arbeiten imponiert hatte; später war er bei der AEG in der Abteilung Zentralstationen tätig. Auch er war bereit, mich anzustellen.

Ich war also in der erfreulichen Lage, zwischen zwei günstigen Stellungen wählen zu können, wobei ich mich für die letztere, diejenige bei der sogenannten Compania Alemantras entschied.

Meine erste Aufgabe war eine Hilfsstellung bei dem Chefelektriker der Gesellschaft, einem Dr. Waldmann, der vorher ebenfalls bei der AEG (Berlin, Brunnenstraße) gewesen war.

Meine erste Tätigkeit hing mit der vorläufigen Verbesserung der Verhältnisse in der nicht richtigen Gestaltung des Gesamtstromnetzes zusammen. Es sollten zwischendurch Kabel zu gewissen Knotenpunkten gezogen werden, was jeweils eine Umgestaltung des Stromflusses im ganzen Netz oder seinem Hauptteil zur Folge haben sollte, insbesondere aber eine Verminderung der Netzverluste. Es galt nun auszurechnen, welches die günstigste Gestaltung des Netzes durch Verlegung der Zusatzkabel sein würde. Dazu waren jeweils Gleichungen mit etwa sechs oder sieben Unbekannten zu lösen, um die günstigste Variante zu ermitteln. Die Gleichungen stellte Dr. Waldmann auf, während mir ihre Lösung oblag. Das nahm für jede Gleichung etwa einen Tag in Anspruch, was relativ wenig für die unterschiedlichen Käufe von Kabeln bedeutete, indessen etwas monoton war.

So war ich sehr froh, als mir seitens der Direktion eine Arbeit ganz anderer Art übertragen wurde. Es sollte eine Studie über die Elektrizitätsversorgung Argentiniens gefertigt werden, die für das Deutsche Generalkonsulat in Buenos Aires bez. das Auswärtige Amt in Berlin bestimmt war. Das war natürlich eine sehr willkommene Arbeit. Grundlage wurde eine Erhebung, die ich durch eine Befragung aller argentinischen Elektrizitätswerke durchführte. Natürlich ergab sich auch die Notwendigkeit der Unterhaltung über die vorliegenden Probleme, wie über die Möglichkeit einer Versorgung des sich in Zukunft ergebenden Strombedarfs von Buenos Aires, durch Kohle aus Afrika, den USA oder aus Argentinien, oder durch Ausnutzung der Energie der Wasserfälle des Iguazu, die zwar an Umfang die des Niagarafalls – an der Grenze zwischen Kanada und USA – übertrafen, die aber bei ihrer Lage zwischen Brasilien und Paraguay auch noch die Probleme der technischen Überwindung der sehr weiten Entfernung sowie der erforderlichen internationalen Regelung aufwarfen. Die Erhebung wurde von mir durchgeführt. Inzwischen hatten sich aber die personellen Verhältnisse im Vorstande der Alemantras geändert. Das technische Mitglied des Vorstandes der Alemantras, der meine Anstellung und Beauftragung bewirkt hatte, war ausgeschieden, nachdem das leitende Vorstandsmitglied Herlitzka aus Europa zurückgekehrt war. An meiner Arbeit war dieser nicht interessiert. Aber auch mein ursprünglicher Chef, der Leiter der Bauabteilung, Leyser, war mir im Zuge meiner mehr volkswirtschaftlichen Arbeit – nicht ohne meine Schuld – entfremdet. Ich selbst mußte ja entsprechend meinem Studien- und Reiseplan danach streben, mit Argentinien abzuschließen. Meine Arbeit über die Stromversorgung Argentiniens habe ich aber im Anschluß an meinen dortigen Aufenthalt in Shanghai fertiggestellt und veröffentlicht[6].

Buenos Aires bot natürlich eine Fülle von Bemerkenswertem. Ich erwähne von alledem, was ich dort gesehen habe, nur ein Gefängnis, das ich nur als vorbildlich bezeichnen kann. Jeder Gefangene wurde in irgendeinem Handwerk ausgebildet. Wahrscheinlich handelte es sich um solche Gefangenen, die mehrjährige Strafen zu verbüßen hatten. Auch das Kunsthandwerk, Lithographie usw. waren vertreten, und so konnte man dieses Gefängnis als eine hervorragende Handwerksschule ansprechen.

An anderen Stellen gab es aber auch Fehlleistungen. So besuchte ich La Plata, die Hauptstadt der Provinz Buenos Aires, die etwa 75 km südlich der Landeshauptstadt Buenos Aires lag. Offenbar war hier, vielleicht durch die große Entwicklung der letzteren, bei seinen ehrgeizigen Einwohnern der Größenwahn ausgebrochen. Zu den Gebäuden, die man *in La Plata errichtet hatte*, gehörte auch ein Börsengebäude, doch fehlte die dazugehörige Börse, für die kein Bedarf gegeben war. So gab es in diesem Gebäude zur Zeit meines Besuches nur eine italienische Schule für die Kinder der zahlreich einwandernden Italiener. Andererseits war für das kleine

[6] Waldemar Koch, Die Elektrizitätswerke Argentiniens. In: Technik und Wirtschaft, Berlin 1909, S. 206–213.

La Plata ein Dom in Bau, der an Dimensionen der Peterskirche in Rom nicht viel nachgab. Davon waren aber kaum mehr als die Fundamente und die Mauern des Erdgeschosses gebaut worden. Als ich dieses in seiner Anlage sehr ansprechende, aber kaum angefangene Bauwerk besuchte, wurde dort nur ein Steinmetz beschäftigt. Da verstand ich, daß man am Kölner Dom Jahrhunderte gebaut und daß man bei ihm wie auch in Straßburg von den begonnenen zwei Türmen des Münsters in beiden Fällen nur je einen Turm vollendet hatte.

Nicht versäumen will ich zu berichten, daß man in Argentinien während meiner Anwesenheit auch eine Revolution veranstaltete, die aber rasch zusammenbrach.

cc) Westküste Südamerikas

Mein Plan ging dahin, mir die Länder der Westküste Südamerikas nur anzusehen, ohne aber dort eine Tätigkeit zu übernehmen, d. h. aber auch ohne Einnahmen zur Finanzierung der Fahrten zu haben. Diese Reise sollte mich dann von Panama ab über den Stillen Ozean und San Franzisko nach Tokio oder Shanghai führen.

Eine durchgehende Eisenbahnlinie von Buenos Aires nach Santiago gab es noch nicht. Ohnehin wollte ich das Feuerland und die von Magalhães, dem ersten Weltumsegler, entdeckte und nach ihm benannte Magalhãesstraße zwar sehen, aber die Umseglung des Kontinents um das stürmische Kap Horn mir ersparen.

Da es aber damals keine reinen Passagierdampferlinien von Buenos Aires nach der Westküste, d. h. nach Santiago de Chile gab, so mußte ich zunächst wieder nach Montevideo (Uruguay) zurückfahren, um dort einen spanischen Dampfer zu besteigen. Entsprechend der weiten Reise, die mich um die halbe Erde führen sollte, und dies alles aus den Überschüssen aus meiner Tätigkeit in Buenos Aires, gab es für mich nun keine I. Klasse mehr, sondern nur noch Zwischendeck. Immerhin nahm ich dort hinsichtlich der Verpflegung eine Vorzugsstellung ein, sicherlich entsprechend dem Fahrpreis, und war entsprechend beliebt. Meine Mitreisenden waren spanische Auswanderer, junge Leute, Frauen, die ihren ausgewanderten Männern mit ihren Kindern nachreisten. Sehr neckisch waren die abendlichen Pfänderspiele der Jugendlichen, die ich nicht nur aus Platzmangel hier nicht näher skizzieren kann.

Die Fahrt durch die Magalhãesstraße war herrlich; rechts die farbigen Berglande Argentiniens und schließlich Chiles, links die Inseln des Feuerlandes, die einen unbewohnten Eindruck machten. Man bewundert nachträglich, wie Magalhães sich mit einem Segelschiff durch die felsigen Durchfahrten hindurchgewunden hat.

a) Chile

Im Pazifik, der seinen Namen Stiller Ozean oft sehr zu Unrecht trägt, stießen wir auf einen schweren Sturm, so daß den Passagieren der Aufenthalt an Deck im allgemeinen untersagt war, außer denen, die schon soviel Stürme hinter sich hatten wie ich. In der Gegend von Coronel, wo später im ersten Weltkrieg ein Kreuzer der deutschen Kriegsmarine, einen englischen Kreuzer versenkte, ging ich an Land, um mir die Gegend etwas zu besehen. Das erste war ein Kohlenbergwerk, das sich bis unter den Stillen Ozean erstreckte. Wo unter dem Ozean die Bergarbeiter ihre dünnen Flöße abbauten, zu denen sie über einen Schrägaufzug gelangten, fuhren oben Dampfer und Segelschiffe.

Über Concepción, einer nicht unbedeutenden Stadt, die 1960 weitgehend von Erdbeben zerstört wurde und dann in Anbetracht der weitgehend deutschen Bevölkerung mit Unterstützung der Bundesrepublik und Berlins wieder aufgebaut wurde, fuhr ich dann per Bahn zu der nächsten Anlegestation meines Dampfers, den ich hier wieder bestieg und mit dem ich dann Valparaiso erreichte, die größte Hafenstadt Chiles, an Einwohnerzahl nur übertroffen von Santiago de Chile, der Landeshauptstadt. Hier in Chile erfolgte die erste größere Unterbrechung meiner Reise.

Mein erstes Erlebnis in Valparaiso war etwas bitter. Ehe ich von Bord stieg, entdeckte ich plötzlich, daß mein Handkoffer gestohlen worden war, der gerade die alltäglich gebrauchten Gegenstände enthielt. Zwar hatte ich schon gehört, daß in Chile unheimlich viel gestohlen wurde, hatte mich aber an Bord noch einigermaßen sicher gefühlt. Es war aber nicht das letzte Mal, daß ich dort an der Westküste Südamerikas an Bord bestohlen wurde, ganz im Gegensatz zu allen anderen Meeren und Ländern. Es blieb mir nichts anderes übrig, als alle diese Dinge sofort an Land zu kaufen. Naturgemäß fielen sie etwas weniger elegant aus, als die erste Ausrüstung. Übrigens hatte jeder Einzelhändler eine Umrechnungsliste, um die Verkaufspreise über den täglichen Stand des Dollars in chilenischen Pesos zu errechnen.

Valparaiso machte von der Reede aus teilweise einen etwas schäbigen Eindruck, weil von hier die mit Konservendosenblechen verputzten primitiven Heime der ärmeren Bevölkerung ins Auge fielen. Immerhin war Valparaiso die bedeutendste Stadt an der Westküste Südamerikas, der es auch nicht an repräsentativen Straßen und Gebäuden fehlte. Handel und Verkehr waren sehr lebhaft.

Dabei spielte hier in Chile das deutsche Element eine sehr viel größere Rolle als in Argentinien. Die deutschen Großbanken wie auch die großen Elektrizitätsgesellschaften waren zwar in beiden Ländern vertreten. In Chile gab es aber auch beachtliche mittlere deutsche Unternehmen, Siedler u. a.

In Valparaiso schlug ich mein Quartier in einem deutschen Boarding-House auf, in dem anscheinend überwiegend deutsche kaufmännische Angestellte wohnten. Gerade mit ihnen wurde ich nicht besonders warm, wohl weil ich mich nach amerikanischer Manier niemandem vorstellte, mit dem ich nicht in direkte Berührung kam.

Von meinem Hause, oder richtiger von unserem Balkon aus, hatte ich den herrlichsten Blick meines Lebens, der über die eisbedeckten Anden ging, die den Eindruck eines riesigen Eisgebirges machten, das sich von einem bis zum anderen Ende Südamerikas zu erstrecken schien, gekrönt vom Aconcagua.

Mit den Herren der deutschen Kolonie in Valparaiso wurde ich aber durch meine Besuche rasch bekannt und sehr freundlich aufgenommen. So von den Inhabern des Handelshauses Saavedra Benard, das den Siemens-Konzern und viele andere deutsche Industrieunternehmen vertrat. Bemerkenswerterweise war der eine der Inhaber, Herr Saavedra-Mont, der schon der zweiten Inhabergeneration angehörte, mit 24 Jahren Oberbürgermeister von Santiago. Man gab mir ein Essen im deutschen Club in Valparaiso, später auch in Santiago. In Valparaiso stieß ich auch auf den Sohn meines früheren Schulprofessors Kalm, der, nicht unwesentlich älter als ich, wie ich bei einer Einladung feststellte, mit einer Chilenin aus einer Familie deutscher Abstammung verheiratet war.

Für Valparaiso, das übrigens in der Nachbarschaft einen freundlichen und leidlich eleganten Badeort aufwies, war in meinem Reisplan nur ein kurzer Aufenthalt vorgesehen. So ging die Reise weiter nach Santiago. Wenn dieses an Größe und Bedeutung keineswegs mit Buenos Aires mitkam, so war es doch eine Landeshauptstadt, die an Einwohnerzahl, politischen und kulturellen Einrichtungen alles andere im Lande übertraf. Industrielle Unternehmen sind mir allerdings nicht aufgefallen. Die Cerro de Pasco Mining Company war ein großes Kupferbergwerk, das aber in den Anden lag; die Salpeterwerke hatten ihre Zentralverwaltungen eher in Iquique.

Am Leben und Treiben Santiagos habe ich aber genügend teilgenommen. An Stelle des täglichen Korsos von Buenos Aires mit den stolzen und eleganten Argentinierinnen in ihren Equipagen gab es in Santiago einen Korso zu Fuß, auf dem zentralen Platz vor der Kathedrale, bei dem alle Damen im völlig gleichartigen schwarzen Umhang gingen, so daß man fast den Eindruck wandelnder Nonnen hatte, die den großen Platz vor der Kathedrale umkreisten. Eine mondäne Note brachte ein in entgegengesetzter Richtung wandelnder Kreis junger Herren, so daß beide Geschlechter einander immer wieder ins Auge fassen konnten. Reichten zwei Kreise nicht aus, so wurden vier oder sechs Kreise gebildet. Also ein lebhaftes Bild, aber kein Konversation.

In der Kathedrale erlebte ich das seltene Schauspiel der Investition des neuen Bischofs, die natürlich in einem so katholischen Lande unter großer innerer und äußerer Teilnahme des Volkes vor sich ging.

Wohnung hatte ich in einem Boarding-House genommen, dessen Gäste ausschließlich Ausländer der verschiedensten Nationen waren. Einer, ein Italiener, war der Sohn eines Salpeterindustriellen, der mehrere Salitreren besaß. Dieser lud mich ein, auf der Weiterreise, die mich nach Nordchile, d. h. in die Gegend der Wüste von Tarapaca, d. h. in die Salpetergegend führte, einige Tage auf der Salitrera Las Tres Marias („Die drei Marien“) zu verbringen, was mir natürlich sehr willkommen war.

Die Gestalt Chiles ist durch seine Lage zwischen der Bergkette der Cordillera de los Andes und dem Pazifik gegeben, ein 4300 km langgestrecktes Band von einer durchschnittlichen Breite von kaum 200 km. Süddhile war früher überwiegend ein undurchdringlicher Urwald. In den kleinen, einsamen Siedlungen wohnten vorwiegend Indianer, Nachkommen der kriegerischen Araukanier. Eisenbahnen gab es daher nur wenige, deren ausgedehnteste (184 km) die Linie Valparaiso - Santiago war. Der Verkehr entlang des schmalen langen Landes ging daher vermittels mittelgroßer Küstendampfer vor sich.

Mittelchile hat die auch für den Ackerbau günstigsten Verhältnisse und ist das Kernland von Chile. Nordchile hat infolge der Trockenheit, d. h. des fehlenden Regens, einen wüstenhaften Charakter. Indessen ist dadurch die Voraussetzung für das Vorkommen des Salpeters gegeben, das die Grundlage der lebhaften Wirtschaft von Nordchile ist.

Um zu den „Tres Marias", die in dem Wüstengebiet liegen, zu gelangen, mußte ich von Santiago mit der Bahn nach Valparaiso zurückfahren und dort einen Passagierdampfer besteigen, der mich nach und nach zu den Hafenplätzen der Westküste Südamerikas brachte. Hier bin ich jeweils ausgestiegen, um mir die Verhältnisse anzusehen und dann wieder einzusteigen und weiterzufahren. Gelegentlich habe ich Einkäufe gemacht, wie kostbare Felle, die aus dem Inneren Chiles oder aus Bolivien zu den an der Küste ansässigen Händlern kamen, und die ich, als das Geld knapper wurde, wieder zum Marktpreis an Mitreisende verkauft habe.

Ein mittelgroßer Hafen war Antofagasta und schließlich Iquique, das nicht nur ein größerer Hafen, sondern auch das Ende der deutschen transatlantischen Schiffahrtslinien war. Dieser Verkehr ging z. T. noch mit Segelschiffen vor sich. Diese waren aber große Vier- und Fünfmaster der Hamburger Reederei Laisz, deren Namen alle mit P anfingen, wie Philadephia, Pisagua und der Fünfmaster Potosi. Ihrer erinnere ich mich so gut, weil ich nicht wenige habe vom Stapel laufen sehen, nachdem sie alle auf der Werft von Tecklenburg in Geestemünde-Bremerhaven gebaut wurden, die der Seebeck-Werft gegenüberlag, bei der ich seinerzeit praktizierte.

In Iquique sah ich mir zunächst die Stadt an, mit ihrem ewig blauen Himmel, so blau und ungestört, daß man sich nach einiger Zeit doch eine kleine oder lieber noch eine große Wolke am Firmament gewünscht hätte.

Statt dessen sah ich wenigstens ein mir bekannt vorkommendes Gesicht, das ich ansprach. „Es usted el senor Berg?" Tatsächlich, es war mein früherer Bremerhavener Klassenkollege Berg, genannt „Mons", der jetzt Inspektor einer Schiffahrtsgesellschaft der südamerikanischen Westküste war.

In Iquique lag auch die Zentralverwaltung der italienischen Salitrera, bei der ich eingeladen war. In einem dortigen Hotel deponierte ich meine größeren Koffer und fuhr dann in Begleitung eines Direktorialassistenten per Eisenbahn ins Innere. Nach einigen Stunden Bahnfahrt hielt der Zug an einer Stelle, wo zwar kein Bahnhof war, aber ein Peon des Werkes mit einem für mich bestimmten Reitpferd wartete. Zum Reiten stand nur der Damm einer Eisenbahnzweigbahn zur Verfügung. Ich bewunderte die Geschicklichkeit der Pferde, die ohne je anzustoßen auf dem Eisenbahndamm galoppierten, wobei sie jeweils zwischen zwei Schwellen traten.

Als ich nach meiner Ankunft die Herren der Verwaltung von „Tres Marias" kennenlernte, stellte sich heraus, daß der Leiter des Werkes, ein Peruaner von etwa 35 Jahren, früher an der TH Charlottenburg studiert hatte. Der Lagerverwalter war ein früherer preußischer Kavallerieoffizier; ein anderer Angestellter war ein Neffe des Eigentümers des Unternehmens. Auch die übrigen Angestellten paßten sich harmonisch in den Kreis, der eine Familie bildete, in die ich nun aufgenommen wurde. Die Unterhaltung war wie überall ständig spanisch.

Hier habe ich nun unvergeßlich harmonische Tage verlebt, trotzdem die Landschaft völligen Wüstencharakter hatte. Es gab weder Baum noch Strauch. Doch stand vor dem Hause ständig ein schönes Reitpferd gesattelt für mich bereit. Jeweils war einer der Herren abgeordnet, mir Gesellschaft zu leisten; auch eine Bibliothek stand mir zur Verfügung.

Der Salpeter steckte in dem Erdreich, in der steinigen Caliche. Diese wurde durch die bolivianischen Arbeiter, die mit ihrer Familie auf dem Werke wohnten, herausgebrochen, und der Salpeter durch Lösung herausgeholt.

Am nächsten Tage fuhren oder ritten wir zu einem anderen Werke des gleichen Unternehmens, das nun schon in der Gegend von Pisagua lag, also der, von Iquique aus gesehen, nächsten Dampferstation auf der Route nach Peru und Panama, wohin ich bald fahren würde. Doch ging der Weg zurück nach Tres Marias. Am übernächsten Tage besuchten wir eine südlich gelegene benachbarte große Salitrera, die englischen Charakter hatte. Das zeigte sich schon in der Lebensweise. Der Leiter war zwar auch hier Peruaner, seine junge Frau aber Engländerin, desgl. die Angestellten Engländer. Zum Abendessen zog alles den Frack an. Nur in Anbetracht dessen, daß die Beteiligten für eine Theatervorstellung der nächsten Tage geprobt hatten, vielleicht auch auf mich, wurde in dieser Hinsicht Dispens erteilt. Bei Tisch saß ich neben der jungen Hausherrin. Diese war in der dortigen Gegend aufgewachsen, war aber zu ihrer Erziehung zwei Jahre in London gewesen. Hier in diesem schönen grünen Engelland, das einem Park gleicht, hatte sie Heimweh nach der heimatlichen wüsten Gegend gehabt, wo kein grüner Halm zu sehen ist. Aber auch ich selbst habe, wie mir schien alle Deutschen im Ausland, dauernd Heimweh nach Deutschland gehabt. Das scheint doch ein seelisches Naturgesetz zu sein.

Aber Chile bot mir doch noch einiges, was ich in Deutschland nicht fand. Das erste war ein leichtes Erdbeben. Es kündigte sich durch ein fortschreitendes Klirren der Dachziegel an. Indessen ging es über uns hinweg, oder besser gesagt, unter uns durch, ohne Schaden anzurichten.

Inzwischen kam telefonisch die Mitteilung, daß im Laufe des Tages ein nordwärts gerichteter Passagierdampfer durch Iquique käme. Auf diesem wurde ein Platz für mich belegt, gleichzeitig die Eisenbahn verständigt, in Tres Marias zu halten und mich aufzunehmen. So ritt ich zum Zuge, der angehalten wurde, fuhr mit diesem nach Iquique, holte meine großen Koffer aus dem Hotel, wo sie erstaunlicherweise noch waren, und bestieg meinen Dampfer, mit dem die Fahrt zunächst durch die Klippen der Einfahrt ging, von wo aus die Pinguine aufmerksam zuschauten.

Während der Eisenbahnfahrt nach Iquique war ich eine ganze Strecke weit an einem See entlang gefahren, dessen Ufer von Palmen bestanden waren. Erst nach einer Weile fiel mir ein, daß in dieser Wüstengegend ja unmöglich Seen sein konnten, ebensowenig Palmen. Es handelte sich um eine Fata Morgana, die erste, die ich zu Gesicht bekam. Die Täuschung war aber vollkommen. Vielleicht waren nur die Farben etwas stumpfer, blasser.

Nun also die Fortsetzung der Seereise. Die nächste Unterbrechung war in dem Hafen Pisagua, in dem ich für einige Stunden an Land ging, um mir das Wesentliche zu betrachten. Auf der Straße wurde ich von drei Seeleuten, die hier ihre Reise auf wohl unbestimmte Zeit unterbrochen hatten, angesprochen. Sie luden mich zu einem Glase Bier und einer Unterhaltung ein. In dieser stellte es sich heraus, daß der älteste ein Amerikaner war, der, wie er sagte, früher auf der Harvard University in Boston, der angesehensten amerikanischen Universität, studiert, sein Studium aber aus Gründen abgebrochen hatte, denen ich nicht weiter nachgeforscht habe. Der zweite war ein englischer Matrose, der dritte ein deutscher Schiffsjunge, ausgerechnet aus meiner Heimatstadt Bremerhaven, wo er bei den mir wohlvertrauten „Buchtenkirchen" seine elterliche Wohnung hatte. Er war an Bord eines Schiffes durch einen Benzinbrand verunglückt, in Pisagua ins Hospital gekommen, und wartete nun auf ein Schiff, das ihn wieder nach Bremerhaven brachte.

Der Amerikaner lud mich zu einer Reise nach dem Feuerland ein, wo er von einem Goldvorkommen wußte, das er gemeinsam mit mir ausbeuten wollte. Leider lag diese Gegend mindestens 5000 km südlich von Pisagua und noch weiter von Peru, meinem nächsten Ziel. So mußte ich dankend auf die vielversprechende Goldmine verzichten und konnte nur meinem kleinen engsten Landsmann das Warten auf seine Rückfahrt durch einen Griff in meine Tasche ein wenig erleichtern. Wie klein ist doch die Welt, jedenfalls für den, der in Bremerhaven aufgewachsen ist.

b) Peru

Das nächste Ziel war Peru, genauer gesagt Callao-Lima. Zwischendurch kamen verschiedene kleine Hafenorte, die ich besichtigte. Auffällig war mir, daß die Ladengeschäfte in diesen Hafenorten weitgehend in chinesischen Händen waren. Das rührte wohl teilweise aus der Zeit des Sklaven- und Kulihandels her, wo chinesische Arbeiter in Schiffsladungen nach der südamerikanischen Westküste geliefert wurden, um an die Plantagenbetriebe und Bergwerke verkauft zu werden. Das war zwar längst vorbei, aber ohne daß die Erinnerung an die grausamen Transportbedingungen – Ernährung ausschließlich mit Reis, was nicht selten zur Erblindung führte – ausgestorben war. Im übrigen sind ja die Chinesen ein begabtes Handelsvolk, das man überall an der pazifischen Küste vorfand.

Unter diesen Häfen spielte Tacna eine besondere Rolle, da hier eine Eisenbahnlinie aus La Paz, der Hauptstadt Boliviens, mündete, woraus sich ein entsprechender Exporthandel ergab. An ihm habe ich mich durch Kauf eines Mantels aus Guanacofellen beteiligt, nicht weil ich in dieser Gegend zwischen Wendekreis und Äquator eine wärmende Hülle brauchte, sondern weil ich mich von Handel und Wandel hatte anstecken lassen.

Ein weiterer Hafen, wohl das bereits peruanische Mollendo, das Bahnverbindung mit dem Titicacasee hatte, brachte eine neue Variante der Erlebnisse, nämlich die Einschiffung einer Rebellen-Armee oder ihres Offizierkorps. Es bestand aber nur aus vier Mann, die zu diesem Zeitpunkt einen recht friedlichen Eindruck machten. Sie wurden in Callao abgeliefert, womit die Revolution liquidiert war.

Callao ist der Haupthafen von Peru, dessen Landeshauptstadt Lima nicht weit entfernt und durch eine Bahn leicht zu erreichen ist. Peru war das Zentralland des alten Inkareiches. Seine Einwohner waren also ursprünglich eine, sagen wir, sanftere Bevölkerung als die Chiles, die Nachkommen der kriegerischen Araukanier waren. Natürlich gibt es in Peru die eingeborenen Peruaner sowie die Spanier, die unter Pizarro und nach ihm ins Land gekommen waren, sowie eingewanderte Angehörige verschiedener anderer Nationen. Pizarro bin ich noch persönlich begegnet, wenn auch nicht lebend, sondern irgendwie konserviert in einem Glassarg in der großen Jesuitenkirche in Lima.

Lima war eine interessante Stadt. Sie war auch der Sitz des spanischen Vizekönigs bis zur Befreiung Perus von der spanischen Oberherrschaft. Sie erfolgte unter Führung von Simon Bolivar, etwa 1820, im Zuge der Losreißung aller spanischen Kolonien vom spanischen Mutterlande. Alle waren das Objekt großer Ausbeutung gewesen. Am krassesten war die Ausplünderung des Inkareiches bei der kühnen Eroberung Perus durch Pizarro mit wenigen hundert Mann, ausgerüstet mit Schießwaffen, denen das von den Inkas auf religiöser Grundlage geführte Volk nicht entfernt gewachsen war.

Den Hauptteil des Landes nehmen die bis zu 6000 m ansteigenden Anden ein. Peru war 1908, als ich dort war, 1,2 Millionen qkm groß, d. h. dreimal so groß als das damalige Deutsche Reich. Dabei hatte es etwa fünf Millionen Einwohner, von denen etwa ein Drittel Indianer waren. Längs des riesigen Amazonas, der seine Fluten in den Atlantischen Ozean entsendet, liegt tropisches Tiefland, das für mich ohne Interesse war und das ich daher nicht besuchte. Perus Hauptausfuhrgüter sind Kupfer, Silber, Erdöl, Zuckerrohr und Baumwolle. Die Landeshauptstadt Lima liegt im pazifischen Küstengebiet. Damals gab es teilweise einen Eindruck von alter spanischer Kultur. Es hatte zahlreiche katholische Kirchen, von denen z. B. die Jesuitenkirche durch Ausschmückung mit Dankgaben für Heilungen, den Glassarg Pizarros u. a. einen für die Gemüter wirksamen Eindruck machte.

Offizielle Veranstaltungen, wie die sehr schönen Kirchenkonzerte, dabei während meines Aufenthaltes auch die Antrittsbegrüßung des neugewählten Präsidenten, waren aber in einer großen an der Hauptstraße gelegenen Kirche. Gewählt war soeben Leguia, bis dahin Leiter des größten Handelsunternehmens der Westküste, der amerikanischen Firma Grace. Seiner Rückkehr von der kirchlichen „Krönung" habe ich zusammen mit dem Dekan der juristischen Fakultät der Universität vom Dache des Regierungspalastes aus zuschauen können. Es herrschte eine ungeheure Begeisterung in der Menge, die den großen Platz vor dem Palast völlig ausfüllte. Sie hätte Leguia erdrückt, wenn nicht ein Dutzend seiner Freunde einen Ring um ihn gebildet und ihn allmählich in den Palast geleitet hätte. (Um ein Bild von der Dynamik der Dinge, insbesondere der Volksgunst zu geben, füge ich noch hinzu, daß Leguia sich innerhalb einiger Jahre zu einem unbeschränkten Diktator entwickelte. Etwas später wurde er gestürzt und gefangengesetzt. Ob er das Gefängnis lebend verlassen hat, ist mir nicht bekanntgeworden. Auf mich hat er einen guten Eindruck gemacht, doch war dieser nicht näher begründet. Jedenfalls war er kein Fidel Castro.)

Die Wochen, die ich mir für Lima vorgenommen hatte, benutzte ich zur Besichtigung von allem Sehenswerten. Das erste war der Besuch eines großen Stiergefechtes, auf dem eine Reihe von Stieren getötet wurde, teils von Matadores, teils von Matadoras. Die Kämpfe waren aufregend, Banderilleros, Picadores, Matadores, immer verfolgt vom Stier; Kämpfe auf Leben und Tod, was das Bild spannungsreich, andererseits wegen des Ausgleichs des Risikos zwischen Mensch und Tier erträglich machte. Scheußlich war nur der Kampf zu Pferde. Da die letzteren unweigerlich zugrunde gingen, wurden nur wertlose Klepper genommen. Ich habe gesehen, wie einem von ihnen, dem der Bauch aufgeschlitzt worden war, und dem die Gedärme heraushingen, diese wieder hineingenäht und der Kampf unverzüglich fortgesetzt wurde, bis der Stier vom Matador mit dem Degen den Todesstoß erhielt.

Das Publikum aller sozialer Schichten nimmt leidenschaftlich Anteil, auch gegen den Matador, wenn ein Stich nicht kommentmäßig war. Ich war mit lauter Ausländern da, einigen ekuadorischen Marineoffizieren, einem deutsch-chilenischen jungen Kaufmann u. a., die mir alle von der Schiffsreise her bekannt waren. Nach der Fiesta mieteten wir ein Haus der Freude ausschließlich für uns. Da nicht genug Damen da waren, so wurden rasch einige auswärtige Helferinnen herangeholt. Man wird sich aber wundern, wenn ich den Tatsachen entsprechend berichte, daß das Fest eigentlich nur in nationalen Tänzen bestand, die keine Rundtänze waren. Auch sah man keine einzige unanständige Gebärde, hörte kein ungehöriges Wort. Welcher Gegensatz zu dem Bild der parallelen Institutionen, z. B. in Chikago. Hier in Lima war nur der junge Chilene das Opfer seines Wissensdurstes.

Meinen Aufenthalt in Lima habe ich, da ich beruflich zeitlich wenig in Anspruch genommen war, natürlich dazu benutzt, alles Kennenswerte in Lima und Umgegend zu besichtigen. Durch die Universität wurde ich nach Verabredung durch den Dekan geführt. Sie machte einen recht guten Eindruck. Sehr interessant war das Museum. Hier bot ja die Zeit der Inka, die den von ihnen regierten Völkern wertvolles gebracht hatten, viel Material. Die schriftliche Tradierung von Zahlenangaben erfolgte durch Kipus, eine Schrift aus Knoten in Schnüren, die besonders für das Rechnungswesen geeignet war. In einem Falle konnte man aus einem solchen Kipus entnehmen, wieviel Soldaten einquartiert worden und welche Aufwendungen dabei entstanden waren. Auf einem anderen Gebiet bemerkenswert war ein Beispiel einer Schädeloperation. Hier war eine Trepanation kunstgerecht durchgeführt worden.

Die Kirche spielt natürlich im peruanischen Leben eine erhebliche Rolle. Ich selber, der ja hauptsächlich Land und Leute studieren wollte, habe wohl täglich mehrere Kirchen besucht, teils um sie zu besichtigen, teils um die Veranstaltungen, Konzerte, Messen u. a. zu genießen. In einem Falle konnte ich an der Wiedereinweihung einer restaurierten Kirche teilnehmen. Die Entsendung eines Nuntius hierzu wurde äußerlich gewaltig unterstrichen, indem ihm coram publico seine Oberkleider ausgezogen und eine Reihe festlicher Kleider angezogen wurden.

Ich darf noch erwähnen, daß hinsichtlich der Frauen und ihres Verhaltens zwischen Buenos Aires und Santiago einerseits und Lima andererseits ein erheblicher Unterschied bestand. In Buenos Aires hätte keine am Korso teilnehmende oder in den Anlagen in Belgrano promenierende Dame einen Herren angesehen. Ganz anders in Lima. Hier sah einem jede Dame auf der Hauptstraße, wenn sie Lust hatte, voll ins Gesicht. Das interessierte mich, der ich kaum mehr war als ein Student auf einer Studienreise, nicht wenig. Die Sehbekanntschaft mit einer auffallend schönen und eleganten jungen Dame von vielleicht zwanzig Jahren vertiefte ich, indem ich ihr zur Messe folgte, wo alles kniete und wo ich unmittelbar hinter ihr niederkien und inhaltsreiche Blicke wechseln konnte. Aber nicht ansprechen! So schrieb ich ein kleines spanisches Brieflein, das ich ihr heimlich zeigte. Auf der Straße engagierte ich dann einen Jungen, durch den ich den Brief, hinreichend entfernt, überreichen ließ. Nach einigen Stunden bekam ich dann ins Hotel ein Schreiben der Mutter, daß sie am Dienstagabend regelmäßig empfingen. Seitdem bin ich dort regelmäßig erschienen. Es war mir ein sehr angenehmer Verkehr in dieser Familie bester Gesellschaft, die dem Lande auch einen Präsidenten geschenkt hatte. Ich möchte aber annehmen, daß die Tatsache, daß ich Ausländer war, und die Fürsprache der beiden Töchter, die mich vom Ansehen kannten, die Einladung erleichtert hat. Was aus der hübschen Josephine S. S. geworden ist, weiß ich leider nicht.

War das Leben auch äußerlich stark kirchlich, so war die Einstellung doch nicht etwa durchweg klerikal. Ich war überrascht, im Theater entschieden antiklerikale Schauspiele vorgeführt zu sehen, die der Kirche ein Paroli boten. Auch erlebte ich, daß ein junger Kleriker sowie eine junge Dame wegen Mißbrauchs der Kirche in einen Skandal verwickelt wurden, den die Tageszeitungen weidlich breittraten.

Wenig Interesse zeigte man für die Natur. In der Nähe von Lima war ein Berg, den ich um der schönen Aussicht willen, die man von dort auf die Landschaft hatte, auch bestiegen habe. Es war auch durchaus lohnend, doch habe ich in Lima niemand finden können, der je oben gewesen war.

Wohl aber fand ich in etwa einem halben Dutzend junger deutscher Ingenieure und Kaufleute Führer zu einer Exkursion in eine alte peruanische Wohn- und Begräbnisstelle. Wir fuhren erst mit der Bahn ins Innere und wanderten dann zu Fuß. Unterwegs fand ich auf einer alten ehemaligen Begräbnisstelle eine Kindermumie, wohlverpackt und mit kleinem Spielzeug für die ferne Zukunft ausgerüstet. Leider ist eine Mumie kein bequemes Gepäckstück für einen Weltenwanderer. So habe ich mich begnügt, das Köpfchen mitzunehmen und damit das Berliner Museum für Völkerkunde zu bereichern.

In den Dörfern dieser Gegend stand Haus an Haus in unmittelbarer Verbindung, aus hartem Lehm ohne Ziegel gemauert. Die Gräber lagen hier unmittelbar unter dem Estrich. Dieser war aber so hart, vielleicht gebrannt, daß man nur mit Äxten an die flaschenartigen Gräber hätte herankommen können, worauf wir auf unserem Sonntagsausflug nicht eingerichtet waren.

Übrigens trügt der Schein, wann man annimmt, daß ich in Peru nur kulturellen und soziologischen Interessen nachgegangen sei. Frühzeitig hatte ich bei Siemens vorgesprochen, wo ich feststellte, daß man gerade, den Zeitverhältnissen entsprechend, die eigene Niederlassung in eine Vertretung umgewandelt hatte, die der bisherige Oberingenieur jetzt mit wirtschaftlichem Erfolge führte.

Die AEG wurde durch die Firma Ludewig vertreten, bei der der Oberingenieur

Kusel das elektrotechnische Geschäft führte. Mit ihm ventilierte ich weitgehend den Plan, in einer bestimmten kleineren Stadt des Innern, die noch ganz ohne Strom war, ein Elektrizitätswerk zu errichten, d. h. eine Gesellschaft zu gründen und für sie eine Konzession zu erwerben. Die Projektierung sollte Kusel übernehmen, später den Bau und den Betrieb, während ich das erforderliche Kapital besorgen sollte. Dieserhalb wandte ich mich auch an einen erfahrenen, wohlhabenden Freund in Berlin, der mir dann aber schrieb, daß das Unternehmen ja allein auf den zwei Augen meines Partners ruhen würde, der ja wie jeder Mensch morgen sterben könne. Ich sah ein, daß es von vornherein verfehlt war, im Vorübergehen Unternehmen gründen zu wollen, denen man sich selbst aber nicht widmen wollte. So ließ ich derartige Gedanken fallen.

Inzwischen war für mich aber auch die für Peru gedachte Zeit annähernd erschöpft. Sie brachte noch manches Interessante, so ein Zuchthaus, das etwa fünfhundert wegen Mordes Verurteilte beherbergte, einen Schlachthof, der von einem deutschen Tierarzt geleitet wurde und an dem die Kadaververnichtung interessant war. Vor den Gebäuden saßen auf Bäumen usw. Hunderte von Geiern, den nützlichsten Vögeln, nicht nur in Peru. War ein geschlachtetes Rind als für Menschen ungeeignet befunden, so wurde der Körper auf die Straße geworfen. Innerhalb weniger Minuten war der Kadaver von den Geiern von allem Fleische befreit, und die Geier, die geschätzte Gesundheitspolizei Perus, warteten auf den nächsten.

Man verzeihe, daß mein Bericht von einem zum anderen springt. Ich gebe den Ablauf meines Besuches von Peru so wieder, wie er sachlich verlief, wenn er auch zeitlich etwas anders und noch weit inhaltsreicher war. Ich trage noch nach, daß ich frühzeitig dem deutschen Gesandten einen Besuch abstattete, um mich zu orientieren. Ebenso besuchte ich den argentinischen Gesandten in Peru, um mit ihm das Problem des Ringens von Argentinien und Brasilien um die Vorherrschaft in Südamerika zu erörtern, was natürlich nicht uninteressant, wenn auch ohne Bedeutung war.

Sehr erfreulich war auch das Leben im Deutschen Klub. Dazu habe ich, wie es scheint, selbst beigetragen, denn als ich nach einem Abend einen deutschen Geschäftsinhaber aus irgendeinem Grunde besuchte, sagte er mit leuchtenden Augen: „Ich möchte in meinem Leben noch einmal so ausgelassen sein können, wie Sie gestern Abend!“ Ich selbst dachte nur: „Du solltest ahnen, wie es in meinem Portemonnaie aussieht. Vor allem das Mißverhältnis zwischen Bestand und Plänen.“

So rüstete ich zur Weiterreise. Wohin? Ich gedachte zunächst über Panama und San Franzisko zu fahren, von dort nach Tokio. Ich entledigte mich eines Teiles meines Gepäckes, insbesondere einer Kiste Bücher, die sich bei mir angesammelt hatten. Hier kam mir wieder die Tatsache zustatten, daß ich von der Wasserkante stammte. In Callao traf ich einen Dampfer, der auf der Rückreise nach Bremerhaven war. Einer der Schiffsingenieure übernahm es, die Kiste mit Büchern und Mumie dorthin mitzunehmen und bei meiner Mutter abzuliefern, eine recht bequeme und billige Spedition. (Später habe ich es von Shanghai aus mit meinem großen Gepäck ähnlich gut gehabt, auch durch einen Bremerhavener Dampfer.)

Einstweilen ließ ich mich in Callao noch einmal, wie nahezu bei jedem Grenzwechsel, zunächst wieder gegen Pocken impfen. Dann stieg ich in Callao an Bord.

γ) Panama – nördliches Südamerika

Von Callao ging also die Fahrt mit einer chilenischen Dampfschiffahrtsgesellschaft, bei der ich mich zur Ausnutzung der äquatorialen Wärme als Deckspassagier hatte einschreiben lassen, wie ich ja von nun ab grundsätzlich und jedenfalls einstweilen meinen Finanzplan auf „wohlfeil" eingestellt hatte. Das heiße Klima macht dies auch leicht. Immerhin war ich wohl ein seltener Vogel zwischen der bunten Gesellschaft, die ab Callao dort an Deck kampierte und die aus Auswanderern und anderen Reisenden bestand.

Es dauerte aber nur Stunden, daß einer der Schiffsoffiziere mich ansprach. Schon stellte sich heraus, daß er nicht nur Deutscher war, sondern auch in Bremerhaven-Geestemünde die Navigationsschule besucht hatte; zusammen mit dem mir etwa gleichaltrigen Sohn des Hauswirts meiner Eltern. So war die Brücke geschlagen. Er lud mich sofort ein, bei ihm in seiner Kajüte zu wohnen, was ich mir nicht zweimal sagen ließ, zumal auch die erstklassige Verpflegung damit gegeben war. Auf diese Weise hatte ich auch gleich Anschluß an die Passagiere der I. Klasse, was eine gesteigerte Information aus meinem Interessengebiet gab.

Die Anden traten hier dicht ans Meer. In der Hauptsache hatte man daher den Blick auf die glatte Felswand, ein romantischer, aber etwas monotoner Anblick. Das Schiff landete nur in Guayaquil, der bedeutendsten Stadt von Ecuador, jedoch konnten wir uns das Land nur vom Schiff aus besehen, so daß wir uns einmal das Impfen ersparten. Auch in Columbien sind wir kaum gelandet, doch habe ich in Peita einen feinen Panama-Hut eingehandelt, der mir bald darauf gute Dienste geleistet hat. Die echten Panama-Hüte stammen nämlich nicht aus Panama, sondern aus dem kleinen Hafen Peita und wandern von dort über Panama oder sonstwie in die weite Welt.

Mein Plan war, über Panama nach San Franzisko zu fahren, möglichst wieder als 6. Ingenieur auf einem Dampfer der amerikanischen regelmäßigen Linie. Das erste war, daß in dem Augenblick, in dem wir in Panama einfuhren, der amerikanische Dampfer herausfuhr! Es nützte auch nichts, daß ich in einem Boot hinterherfuhr, denn der kurze Stopp auf der Reede reichte nicht zum Einholen aus. San Franzisko war für mich wichtig, weil ich dorthin die Rückzahlung eines Darlehns dirigiert hatte, das ich noch in Buenos Aires in einem Todesfalle gewährt und nicht mehr vor der Abreise zurückbekommen hatte (ich habe es nie mehr wiederbekommen, aber auch nicht bereut).

Jedenfalls versuchte ich auch auf dem nächsten fälligen Dampfer nach San Franzisko als überzähliger Ingenieur anzumustern. Mit einiger Überredung bekam ich dann auch die Zustimmung des Oberingenieurs. Jedoch bedurfte es auch der Äußerung des Schiffsarztes, um der Landeerlaubnis in San Franzisko sicher zu sein. Der Arzt stellte aber fest, daß ich zwar nicht krank sei, daß ich (der ich am Abend vorher reichlich lange gelesen hatte) für der ägyptischen Augenkrankheit verdächtig gehalten werden konnte; dem wollte man sich nicht aussetzen. Es blieb mir nichts anderes übrig, als in mein Boarding-House zurückzukehren, wo Schwemmgut verschiedenster Art und Herkunft siedelte, um dort, wie man sich in der heutigen Diplomatie ausdrückt, die Lage sorgfältig zu prüfen.

Panama gehörte einige Jahre früher noch zum Staate Columbia, von dem es sich mit amerikanischer Unterstützung losgerissen hatte. Bei dieser Gelegenheit hatte es das für den Bau des Panama-Kanals benötigte Land den USA überlassen, die nun, nach sorgfältiger Bereinigung der Zone von Panama bis Colon vom Gelben Fieber, mit dem Bau des Kanals begonnen hatten und bereits weit gediehen waren, soweit, daß sie gerade in diesen Tagen alle deutschen Angestellten entlassen hatten. Die Möglichkeit, zunächst also einmal als Ingenieur bei dieser Aufgabe beteiligt zu werden, was mir sonst nicht fernliegend erschienen wäre, war also leider verbaut.

Durch die Straßen schlendernd sah ich nachmittags ein Plakat, daß der italienische Dampfer „Neapel" am anderen Morgen jenseits des Isthmus nach Genua fahren würde. Sofort kam mir der Gedanke, daß man ja ebensogut wie über San Franzisko auch über Genua nach Tokio fahren könnte. Also sofortiges Herumwerfen des Ruders! Das „einzige" was mir fehlte war das Geld für die Schiffskarte. Zwar hatte ich meine Finanzen dadurch etwas aufgebessert, daß ich schon vor Panama das Angebot eines chinesischen Passagiers angenommen hatte, mir meine ihm in die Augen stechende Guanako-Decke abzukaufen. Aber das reichte bei weitem nicht, um die Schiffsreise zu finanzieren. Es blieb nur die Möglichkeit, meinen kostbaren Panamahut zu Geld zu machen. Ich ging abends in das dortige erste Hotel, in dem in der Halle nicht wenige potente Amerikaner saßen. Mit Zustimmung der Hotelleitung ging ich von Tisch zu Tisch und bot meinen Hut an. Ein guter Verkäufer war ich wohl immer gewesen, jedenfalls gelang mir der Verkauf zu meinem Preise. Am anderen Morgen um 6 Uhr rollte ich bereits mit Sack und Pack über den Isthmus.

Drüben in Colon, auf der anderen Seite der Landenge, kam ich unverzüglich, jetzt also wieder auf dem atlantischen Ozean, auf dem italienischen Schiff „Citta di Roma" unter, wenn auch im Zwischendeck, das voll von meist italienischen Rückwanderern war. Natürlich wollte ich die Gelegenheit benutzen, um unterwegs italienisch zu lernen. Dazu brauchte ich eine Sprachlehre, hatte aber vor der Abfahrt keine Gelegenheit mehr, eine solche zu kaufen. So forschte ich an Bord herum und hatte auch das Glück, eine französische Grammatik des Italienischen aufzutreiben. Auf diese Weise habe ich italienisch auf französisch gelernt, wie vorher in Chikago das Spanische auf englisch.

Übrigens stand das Finanzielle nun stark im Vordergrunde, denn nach Bezahlung der Schiffskarte blieben mir noch etwa 20 Mark. Die Fahrt ging über Curaçao, Venezuela, Puerto Rico, Spanien nach Italien, also 4 Mark im Durchschnitt pro Land, nicht gerechnet die italienische Sprachlehre. Eine Überschreitung dieses Budgets kam mangels Masse nicht in Frage. So war es mir interessant, wofür ein Globetrotter bescheidenster Verhältnisse seine letzten zwanzig Mark ausgibt.

Das erste Land, das wir berührten, um Kohlen zu nehmen, war *Curaçao*. Sofort schlug die literarische Bildung durch, diesmal Wilhelm Busch: „Wer Sorgen hat, hat auch Likör." Diesen Rat habe ich nicht in den Wind geschlagen, sondern sofort eine Flasche prima Curaçao gekauft, die übrigens nicht ein einheimisches, sondern laut Etikett ein holländisches Erzeugnis war. Sie kostete, wenn ich mich recht erinnere, acht Mark, und der Kauf war eigentlich ein großer Leichtsinn. Aber bei der immer anderen Kost, jetzt additionell den ausgezeichneten Thunfisch, war der Alkohol angenehm und nützlich. Sonst war an Curaçao mir nur die Frauenarbeit beim Kohleladen interessant, die auf der Schulter in Körben auf das Schiff gebracht wurden.

Venezuela wurde damals eine Reihe von Jahren hindurch von einem Diktator regiert, dem „glorreichen Restaurador Cypriano Castro". Jedes am Hafen errichtete Bauwerk trug die Inschrift: „Errichtet unter der glorreichen Regierung des Restaurados Cypriano Castro." Es ging auch sehr forsch zu. Kaum war ich in Puerto Cabello an Land, als mich die Hafenpolizei schon wieder an Bord beförderte. Liebenswürdiger war man in La Guaira, der Hafenstadt von Caracas, der Landeshauptstadt von Venezuela, das später seine große Bedeutung als Petroleumland erlangte. Als ich in La Guaira spazieren ging, flötete man liebenswürdige Begrüßungen aus den Fenstern („Que Sympatico!"), die allerdings wohl einen kommerziellen Charakter hatten. Zu anderen Zeiten sind die Beziehungen zwischen Deutschland und Venezuela sehr unfreundlich gewesen, als nämlich Cypriano Castro die Zinsen der auswärtigen Anleihen zu zahlen ablehnte. Daraufhin bombardierten deutsche, USA und wohl französische Kriegsschiffe La Guaira.

Weiter ging es nach dem damals mit den USA befreundeten *Puerto Rico*, das heute der jüngste Staat der USA ist. Ich konnte es aber nur von der Reede aus betrachten, um dann den weiten Weg über den Atlantischen Ozean nach *Spanien* anzutreten. Vom Pic de Teneriffa sah man die Spitze schon auf 100 km Entfernung, während der untere Teil hinter der vorgelagerten Luft verborgen war.

In Barcelona wurde nun gelandet. Dies ist die größte und die bei weitem bedeutendste Stadt Spaniens, übrigens mit einer ganz überwiegend katalanischen Bevölkerung, eine sehenswerte Stadt, die auch politisch eine beachtliche Rolle spielt. Die Bevölkerung spricht überwiegend katalanisch, versteht aber auch spanisch. Mein kurzer Besuch, wenn er auch dadurch kompliziert war, daß er per Boot von der Reede aus erfolgen mußte, war doch sehr lohnend, für mich auch dadurch, daß ich bei einem Antiquar eine illustrierte Ausgabe von Cervantes Don Quijote von 1857 erstehen konnte, womit meine Barschaft allerdings annähernd erschöpft war. Den Preis der Rückfahrt an Bord des Dampfers hatte ich mit dem Fährmann vorsorglich von vornherein vereinbart, und ich lehnte daher kategorisch eine Nachforderung ab. Der Bootsmann bestand aber in Anbetracht meiner Zwangslage — der Dampfer gab schon durch die Sirene das erste Abfahrtssignal — auf seinem Aufschlag. Indessen hatte ich in zahllosen Häfen ähnliche Versuche erlebt und abgeschlagen. „Muy bien, entonces vamos a la commissariaria y Vsted pagara mi viaje a Genova per ferrocarril." („Sehr wohl, fahren Sie mich zur Hafenpolizei. Dann bezahlen Sie meine Eisenbahnfahrt nach Genua.") Hier kamen ihm wohl Bedenken wegen des eventuellen Verlustes seiner Lizenz, und er erklärte, daß er weiterfahren würde. Die Spanier seien eben immer die Vornehmen.

Bald war ich wieder an Bord bei meinen Italienern. Einer von ihnen, der zuviel Wein getrunken hatte, der ja reichlich floß, lief allerdings mit offenem Messer drohend herum, hatte aber glücklicherweise keinen Gegner. Im ganzen aber genoß man die Fahrt an der französischen und italienischen Mittelmeerküste, wo auch Haifische herumschwammen, die aber für uns keine Verfolger waren, sondern nur ein Schauspiel boten. Ein reiner Genuß waren auch die Segelschiffe, die man am Horizont aufsteigen sah, und zwar deutlich die Mastspitzen zuerst und dann die einzelnen Rahen nach und nach, so daß einem die Kugelgestalt der Erde unmittelbar vor Augen geführt wurde. Vielleicht ist Kolumbus, der ja in dieser Gegend der Erde das Meer befuhr, hier auch die Überzeugung von deren Kugelgestalt gekommen.

Genua ist von der Seeseite aus gesehen eine prachtvolle Stadt. Nicht umsonst wird sie in Italien „la Superba" genannt. Eine Terrassenstadt, die sich nach und nach mit Straßen, teils mit Palästen oder auch mit einfacheren Häusern zu einer Großstadt aufbaute. Das Leben war sehr mannigfaltig. Am Mittelmeer bot sich ein weiter Hafen ohne Docks, anschließend die Straßen, auf denen auch am späten Abend noch das Leben webte. Ich erinnere mich, daß Arien aus den schönsten italienischen Opern im Freien erklangen. Als ich den Liedern nachging, sah ich hinter der großen Zuhörermenge die Sängerin, ein völliger Krüppel, unmöglich für die Bühne, aber mit einer herrlichen Stimme begabt.

Das erste war für mich, der ich mit 2 Mark in Italien landete, die gerade für das Mittagessen langten, das Besorgen einer preiswerten Notunterkunft. Aus meiner Heimat Bremerhaven war mir die Institution der Seemannsheime bekannt, in denen die Seeleute mit Sack und Pack landeten und jedenfalls sicher aufgehoben waren. Dorthin richtete auch ich zunächst meine Schritte. Doch ergaben sich hier Beschränkungen, z. B. hinsichtlich der abendlichen Schließzeit, die mit meinem Theaterhunger kollidierte. Finanziell hatte ich mich jedoch schon von Buenos Aires aus vorsorglich auf sichere Beine gestellt. So besaß ich, nachdem ich mich wieder von Vettern, weiteren Bekannten, mit Geld versorgt sah, auch in Genua wieder Bewegungsfreiheit. Nach einigen Tagen zog ich zu einer italienischen Familie, die ein schönes Mädchen als Wohngast beherbergte, aber auch mehrere Akademiker als ständige Tischgäste hatte. So ergab sich bei den Mahlzeiten für mich eine Gelegenheit zu lebhafter Unterhaltung, mag auch mein Italienisch stark mit Spanisch vermischt gewesen sein. An Bekannten und Beziehungen fehlte es mir übrigens nicht, so aus Bremerhaven eine Schulfreundin meiner Schwester, die einen Schiffsoffizier des Norddeutschen Lloyd geheiratet hatte, der die Route Genua–New York befuhr und in Genua (Nervi) stationiert war. Andererseits war der Vater eines Charlottenburger Konsemesters Kuntze jetzt Direktor der Genueser Straßenbahn oder Elektrizitätswerke. Er erzählte mir, daß er seinerzeit sogar als reichlicher Vierziger mit nicht geringer Familie nach Batavia gegangen sei, um dort die Leitung einer der dortigen Versorgungsbetriebe zu übernehmen. Es gab also zu allen Zeiten nicht wenige deutsche Weltenwanderer.

Meine Gedanken richteten sich ja als Zwischenziel nicht etwa auf Italien, sondern auf Ostasien, wobei ich von Südamerika–San Franzisko ausgehend zunächst an Tokio dachte. Nach meiner Verschlagung nach Genua und, nachdem ich der Übung in französischer Konversation willen es mir vorgenommen hatte, mit einem französischen Passagierdampfer zu fahren, wurde ich auf die Weiterfahrt über Paris–Marseille gelenkt. Zwar machte mir der Zeitverlust nicht soviel aus, wie anderen Reisenden, wohl aber die Gestaltung des Reiseplanes im einzelnen wie auch seine Finanzierung.

c) *Intermezzo Genua—Berlin—Marseille*

So kam mir auch der Gedanke, meine Reise nach Ostasien für dritte Unternehmen, insbesondere der deutschen Elektroindustrie auszuwerten und dadurch Mittel für diese Reise zu gewinnen. In Deutschland gab es damals drei Großunternehmen der Elektroindustrie, die AEG, Siemens & Halske und schließlich Felten & Guilleaume-Lahmeyer. Die AEG kam deshalb nicht in Frage, weil sie mein Endziel nach Abschluß meiner Weltreise war, und weil ich daher dies Wiederauftauchen nicht durch ein Teilziel beeinträchtigen wollte. Siemens wurde nicht von mir erstrebt und hatte auch bereits eine erhebliche eigene Niederlassung in Schanghai.

So nahm ich an, daß meine etwas naive Idee, reisend für einen deutschen Konzern in Ostasien, zumindest die Vorarbeiten für den Aufbau von Vertretungen oder Niederlassungen vorzunehmen, am ehesten auf Felten & Guilleaume-Lahmeyer anwendbar wäre. Gedacht — getan. Von Genua schrieb ich an deren Vorstand in Frankfurt (Main), wo dieses Unternehmen für den Elektromaschinen- und Anlagenbau sein Zentrum hatte, während die Fertigung von Kabeln, Seilen und Drähten in Köln-Mülheim erfolgte. Prompt kam auch eine positiv gerichtete Antwort des Vorstandsmitgliedes Astfalk, der mir schrieb, ein solcher Plan könne nur in Frankfurt (Main) besprochen werden. Ob ich bereit sei, zu einer Erörterung nach Frankfurt zu kommen.

Von Reisegeld schrieben sie nichts; anscheinend hielten sie mich für einen Nabob, der durch die Welt reiste. Glücklicherweise war ich flüssig genug, um loszureisen. In Frankfurt stellte sich dann heraus, daß zur Durchsprache auch der Leiter der Exportabteilung (Jensen) nötig sei. Ob ich bereit sei, nach Hamburg zu fahren, wo dieser sich gerade aufhalte. Dazu erklärte ich mich bereit, verlangte nun aber einen Reisezuschuß, den ich auch erhielt.

Der Weg von Frankfurt nach Hamburg führte, damals noch ohne Flugzeug, über Berlin. Natürlich konnte ich es nicht unterlassen auch meine Freunde bei der AEG aufzusuchen. Ein junger Mensch muß Glück haben! Auf der Haupttreppe des Verwaltungsgebäudes am Friedrich-Karl-Ufer traf ich Baurat Jordan, der für die Fabrikation der AEG verantwortlich und der mein spezieller Gönner war. Er sprach mich an und sagte sofort, daß er soeben eine Anfrage von Felten & Guilleaume wegen meiner Verwendung in Ostasien erhalten habe. Was er denn nun schreiben solle? Nachdem er sich einiges über meine Tätigkeit bei Westinghouse und in Südamerika hatte erzählen lassen, sagte er, ich möchte doch einige Augenblicke warten. Er ging dann zu Geheimrat Deutsch, dem nach Geheimrat Rathenau ersten Mann im Vorstande der AEG, der mich aus meiner Tätigkeit in der AEG sehr gut kannte. Deutsch kam dann zunächst auf die Jahre meiner bisherigen Auslandsreisen zu sprechen. Darüber konnte ich natürlich strahlend berichten, angeregt nicht nur durch all das Gesehene und Erlebte, sondern mindestens ebensosehr dadurch, daß ich mich, wenn auch nur vorübergehend, wieder in meinem geliebten Berlin befand.

Deutsch sagte mir dann, daß die AEG schon lange einen bestimmten Plan verfolge. Soeben habe der Vorstand seine Durchführung beschlossen. Es fehle nur noch der geeignete Mann dafür, und dieser Mann sei ich. Ich sagte ihm, Voraussetzung sei, daß es sich nicht um eine literarische Aufgabe handele. Ich wolle eine Aufgabe, die in kaufmännischer Richtung liege. Im übrigen sähe mein Plan vor, jetzt nach China zu fahren, dann nach Japan und Rußland. Nachdem Deutsch sah, daß ich fest entschlossen sei, meine Weltreise fortzusetzen, sagte er, ich könne auch für die AEG in irgendeines dieser Länder gehen. Ich brauche nur das Land zu nennen.

Das war natürlich ein fabelhaftes Angebot, verführerisch vor allem für jemandem, der noch nicht einmal das Geld für diesen selbst zu finanzierenden Reiseabschnitt besaß. Ich lehnte trotzdem ab und begründete dies damit, daß, wenn ich für die AEG in irgendein Land ginge, ich dort wenigstens drei Jahre bleiben müsse. Ich wolle aber noch verschiedene Länder kennen lernen, ohne eine Reihe von Jahren dafür aufzuwenden. Gern wolle ich nach Abschluß meiner restlichen Weltreise zur AEG zurückkommen.

Deutsch überließ es mir daher, meine weitere Reise zu Ende zu führen und mich dann wieder bei ihm zu melden.

So schieden wir dann, und ich reiste nach Hamburg, wo der Leiter der Lahmeyer-Exportabteilung angeblich von nichts wußte, so daß er und ich zunächst wieder nach Frankfurt (Main) mußten. Zwischendurch nahm ich mir aber die Zeit, nach Bremerhaven zu fahren, um dort die Weihnachtstage zu verleben, für meine Mutter, die mich mehrere Jahre hindurch auf und zwischen den verschiedensten Meeren gewußt hatte, das schönste Weihnachtsgeschenk.

Französische Dampfer nehmen ihren Weg nach Ostasien von Marseille aus, dem größten französischen Hafen. Daß mich meine Reise über das mir noch nicht bekannte Paris führte, war mir sehr willkommen, wenngleich sich die Zahl meiner dortigen Bekannten auch auf eine einzige Studentin (G. R.) an der Sorbonne beschränkte, der Schwester eines verstorbenen Konsemesters, deren gegenwärtige Pariser Anschrift mir allerdings nicht bekannt war. Die Fahrt nach Paris bot mir deshalb nicht soviel bleibende Eindrücke, weil ich in eine lebhafte Unterhaltung mit einer jungen Berliner Dame geriet. Als aber der Zug auf dem Pariser Fernbahnhof einlief, stellte es sich heraus, daß diese letztere sich auf einer Besuchsreise zu ihrer ebenfalls an der Sorbonne studierenden Schwester befand. Diese wiederum wohnte mit meiner Bekannten G. R. zusammen, die mit in der 4-Personen-Abhol-Party war. So befand ich mich unverzüglich in einer Sorbonne-Gruppe und brauchte keine Zeit für den Anlauf zu verlieren.

Einige Tage wurden mit den drei Mäderln, von denen jedes größer war als ich, heiter verlebt. In den Museen, im Louvre, im Luxemburg, wurden die meist aus Abbildungen bekannten Kunstwerke jetzt an den Originalen genossen. Im Theater spielte die Sarah Bernhardt. In der Stamm-Crèmerie der beiden Studentinnen saß man zwischen Kleinbürgern, einem „Milljöh“, das sich für einen Pariser Zille geeignet hätte. Später ging es auf einem Budenfraß bei den Studentinnen hoch her, nachdem die Flasche Sekt für 2,50 Fr. zu haben war. Dann aber ging es weiter nach Marseille, dem Hauptausfuhrhafen Frankreichs, um den Dampfer nach Schanghai zu erreichen. Aber Marseille war auch an sich sehens- und erlebenswert, mit seiner Cannebière, der Hauptstraße, und seinem Hafengebiet, letzteres mit einer bemerkenswerten schwebenden, großen Hafenfähre. Schließlich saß ich an Bord, wohin mein großes Gepäck aus Genua, von einem Schweizer Mitpensionär sorgfältig betreut, getrennt gereist pünktlich zur Stelle war.

Die Passagiere waren praktisch alle Franzosen, meistens Auswanderer oder solche, die nach den verschiedenen französischen Kolonien, nach Abessinien, Indochina u. a. zurückkehrten.

Der erste Hafen, den wir anliefen, war das belebte und sehenswerte Neapel. Kurz darauf auf dem Wege durch die Straße von Messina, d. h. zwischen Scylla und Charybdis hindurch, an der wenige Tage vorher durch ein Erdbeben zerstörten Stadt *Messina* vorbei. Wir hatten an den vorhergehenden Tagen ständig von den großen Zerstörungen und den vielen Toten gehört und gelesen. Der Anblick der Ruinen war fast weniger eindrucksvoll. In Messina waren gerade die Frontmauern an der Uferstraße stehengeblieben, so daß man schon näher herankommen mußte, um das Ausmaß der Zerstörungen übersehen zu können.

d) Afrika—Asien

So ging es auf den *Suez-Kanal* zu, wo wir Port-Said anliefen. Sicher war es der schmutzigste Hafen, den ich je angelaufen bin. Glücklicherweise liefen wir rasch wieder heraus und durch das Rote Meer, das durch seine Hitze berüchtigt ist, für mich aber noch durch die Tatsache bemerkenswert, daß mein Vater lange Jahre vorher dort an der Insel Sokrata gestrandet war, wobei auch einige Leute der Mannschaft ihr Leben verloren. Peinvoll war eine Nachricht, daß nur die halbe Mannschaft gerettet sei, und wir zu Hause nun nicht wußten, ob mein Vater sich unter den Überlebenden befand.

aa) Dschibuti

Afrikanischen Boden betrat ich in Dschibuti, das damals als Endpunkt der Eisenbahn nach der abessinischen Hauptstadt Addis Abeba im französischen Somaliland lag. Die Somalis sind der schlankste Volksstamm, den ich je gesehen habe. Dschibuti machte den Eindruck eines französischen Hafens, in dem man abends gemütlich im Café sitzen, hier aber die Eidechsen an der Decke herumlaufen sehen konnte. Wer, wie ich, noch unternehmender war, konnte auch eine kleine Wanderung in die nächtliche Wüste wagen. Indessen löste ich dadurch ein grollendes Gebrüll, offenbar eines Löwen, aus, von dem nur offen blieb, ob er es auf mich abgesehen hatte. Indessen stellte es sich heraus, daß es sich nur um einen Esel handelte, der allerdings wie zwei Löwen brüllte oder schrie. Vorsichtshalber brach ich aber die einsame nächtliche Wüstenwanderung ab und bestieg wieder mein Schiff.

bb) Ceylon

Das nächste Land war das vor einigen Jahren selbständig gewordene Ceylon, mit seiner Hauptstadt und Hafenstadt Colombo. Aus der bisherigen Gegend der Araber und Neger kam ich jetzt in die indisch besiedelten Länder. Colombo, die Hauptstadt und Hafenstadt, war ein wunderschöner tropischer Ort, in der es schon damals mindestens ein elegantes Hotel gab. Inzwischen ist es im Zuge der teilweisen Umbildung des Britischen Weltreiches zunächst ein Dominion geworden, das sich auch soweit modernisierte, das 1959 zwar keine Revolution ausbrach, wohl aber der Ministerpräsident Bandaranaike ermordet wurde, für den 1960 als Nachfolger Frau Bandaranaike gewählt wurde, bis dahin seine Frau.

cc) Singapur

Singapur, das wir als nächstes anliefen, war der bedeutendste südasiatische Hafen, damals eine englische Kolonie, die man auch für einen bedeutsamen militärischen Stützpunkt hielt, eine Auffassung, die sich im zweiten Weltkrieg, als Japan Englands Gegner war, sehr bald als ein großer Irrtum erwies. Als ich 1909 die Stadt besuchte, erwies sie sich in ihrer Struktur als sehr heterogen. In der Nachbarschaft des Hafens sah ich nur Pfahlbauten. Die Innenstadt wies aber weitgehend massive und moderne Bauten auf, wie etwa Warenhäuser. In den letzteren war es interessant, daß es keine weißen Verkäuferinnen gab, aber auch keine Inderinnen, Siamesinnen, Malayinnen usw. Vielmehr waren es alles Mischlinge, die aber durchaus ansprechende, fast möchte man sagen europäische Erscheinungen waren. Auch die Wohngegenden der Europäer, wie man die Weißen im Sammelbegriff zu nennen pflegt, auch wenn sie aus Australien stammen, muteten europäisch an.

Eine andere Anomalie ist es, daß man in Ostasien alle Mischlinge, die sich europäisch halten, als Portugiesen bezeichnet. Tatsächlich traf dies aber in der Hauptsache auch zu, weil in allen portugiesischen Kolonien, sei es in Asien, in Afrika wie auch in Brasilien, der ehemaligen größten Kolonie Portugals, das rassische Vorurteil offenbar weit geringer war als in anderen Ländern.

Einige Jahre vorher, als ich noch mein Jahr bei der Marine abdiente und der Chinakrieg ausbrach, und ich zeitweise beabsichtigt hatte, mit dem Ostasiengeschwader als Freiwilliger mitzugehen, war mein Vater mit seinem Schiff gerade in Singapore, als das Panzerschiff S.M.S. „Wörth“ mit dem übrigen Geschwader dort einlief. Mein Vater ging sofort an Bord, um mich zu besuchen und war natürlich sehr enttäuscht, daß meine Teilnahme am Chinakrieg an Formalien gescheitert war.

dd) Saigon

Eine Rationalisierung der Schiffahrt war natürlich für die einzelnen Schiffahrtslinien erwünscht. Einerseits bestand bei diesen Linien das Interesse der Aufnahme zusätzlicher Ladung von Fracht und Passagieren, eventuell auch von Kohlen und Verpflegungsgütern in den einzelnen Häfen. Ebenso sind Passagiere, eventuell auch Militärangehörige auszuladen. Kolonien müssen vom Mutterlande regelmäßig versorgt werden. Die Linien gehören aber den verschiedensten Nationen an und werden z. T. von deren Regierungen subventioniert, soweit es sich um pflichtmäßig befahrene Routen handelt. Erst dadurch wird der Schiffsverkehr wirtschaftlich tragbar.

Das bezieht sich aber im wesentlichen nur auf die Linienschiffahrt, nicht auf die

Trampschiffahrt, wo der Verkehr, der sich fast ausschließlich auf Güter beschränkt, aufgesucht und aufgenommen wird, sei es durch den Kapitän an einer Frachtenbörse oder durch einen örtlichen Agenten.

Im ganzen entwickelt sich ein Schiffahrtsnetz, an dem nun nicht wenige Nationen beteiligt sind, Deutschland, England, Frankreich, Holland, Niederländisch-Indien (heute Indonesien), Rußland, China, Norwegen für Fracht, Griechenland (im Mittelmeer) usw. usw. Jedes Land kämpft um den Verkehr, für den es günstig liegt. (So hat Griechenland eine ausgezeichnet arbeitende Passagierschiffahrt im Mittelmeer.) Frankreich versorgte und versorgt die damals noch verbliebenen Kolonien. Zur Zeit meiner Reisen gehörten zu ihnen Indochina (Annam, Tongking, Cochinchina).

So war *Saigon,* deren Hauptstadt, für mich der nächste Landeplatz. Es machte einen ganz französischen Eindruck, nicht etwa nach der Zahl der Bewohner, aber der Anlage der Stadt nach, in der die amtlichen Gebäude in erster Linie ins Auge fielen. Wirtschaftlich dominiert der Reis, in Cochinchina der Mais. Zu den Ausfuhrgütern gehören weiterhin Kautschuk, Kohle, Zink- und Zinnerz. Erwähnen, wenn auch nicht als Exportartikel, will ich den „fliegenden Hund" nennen, dem ich hier zum ersten und letzten Male begegnete.

ee) Hongkong

Hongkong ist der bedeutendste Hafen Ostasiens. Zur Zeit meines Aufenthaltes war es noch eine englische Kolonie. Das ist es auch noch heute, doch ist es im zweiten Weltkrieg bis zu dessen Beendigung in den Händen der Japaner gewesen. In der Hauptsache ist Hongkong eine Insel mit einem Berg, an dem sich die Stadt emporrankt. Der gegenüberliegende Teil des Festlandes, insbesondere Kowloon, ist jedoch ebenfalls englischer Besitz, praktisch ein Teil von Hongkong.

Hongkong hat einen ungeheuren Schiffsverkehr, teils in modernen Seeschiffen, teils auch in chinesischen Booten, oder sogar in großen chinesischen hochbordigen Seeschiffen. So zeigt der Hafen ein großes Gewimmel von Fahrzeugen aller Nationen, dessen Hauptanziehungspunkt die Tatsache der Sicherheit und der Freiheit im Mittelpunkt von viel Unfreiheit war und ist.

Hier gab es natürlich viel zu sehen. Berufliche Ziele hatte ich hier nicht, doch war hier, ohne daß ich es ahnte, sozusagen ein Bett für mich gemacht. Man ist nicht umsonst Bremerhavener. So besuchte ich Dodo Schmets, die an einen Kapitän verheiratete Tochter unseres Bremerhavener Hauswirts, die ich von Kindheit an kannte. Dieser Kapitän war vom Lloyd nach Ostasien mit Wohnsitz in Hongkong stationiert, von wo er die dortigen Meere und Ströme befuhr. So konnte man per Schiff über den Jantsekiang bis nach Hankau fahren, das man als den Mittelpunkt und einen Brennpunkt Chinas bezeichnen konnte. Dodo stand mit meiner Mutter in ständigem Briefwechsel, und so wußte sie auch von meiner Reise nach Ostasien.

Daraufhin hatte sie einen Plan geschmiedet, den sie mir unterbreitete. Sie wollte mir in Hongkong eine Stellung besorgen, was ihr auf Grund ihrer Beziehungen offenbar nicht schwergefallen wäre. Ich sollte dazu bei ihnen in Kowloon wohnen und auch Pension zahlen. Diese wollte sie aber nur kassieren und dann an meine

Mutter gelangen lassen. Ich erwähne es nur, um zu zeigen, daß es doch noch gute und gefällige Menschen gibt! Sie wollte sofort mit mir hinüber nach Hongkong zu einem Bekannten fahren und mir eine Stellung besorgen.

So verlockend dies Angebot auch für einen Weltreisenden ohne Kapital war, so ließ ich mich doch nicht beirren. Mein Ziel war Schanghai, war China, auch wenn mein dortiges Unter- und Weiterkommen noch völlig dem Schicksal überlassen war. Aber Hongkong war für mich ein großes Handelszentrum, Schanghai aber ein Wirtschaftszentrum Chinas. So blieb ich bei dem Plan, den ich als Student für einen Weltwanderer aufgestellt hatte. Ich drückte Dodo dankbar die Hand und stieg wieder an Bord.

Dort war ich gar kein Fremder. Aus den verschiedensten Gründen fährt jeder zu seinem Wohnsitz, zu einer Auslandsstellung seiner europäischen Mutterfirma und aus anderen Gründen. Es ist eine bunte Gesellschaft. Als ein Beispiel will ich einige der Leute aufzählen, die ich auf dieser Fahrt Marseille–Schanghai kennenlernte. In Djibuti kam eine Half-Cast-Familie an Bord, deren Mann eine Handelsvertretung in Aden betrieben, aber aufgegeben hatte, um sich in Schanghai eine neue Aufgabe zu suchen, die er auch bei den Jesuiten fand, für die er dort eine Seifenfabrik errichtete. Mrs. X. war in einem katholischen Kloster in Indien aufgewachsen. Ihr Mann – wie sie sagte – war Österreicher, ihr etwa zweijähriges Kind sprach Englisch. Merkwürdigerweise sprach die Mutter ein fehlerfreies Deutsch, hatte auch offenbar Jahre hindurch in Deutschland verbracht, ohne daß ich den Zusammenhang erfuhr, obwohl ich zufälligerweise mit ihr bekannt wurde. Leider konnte sie nicht Französisch sprechen und so vermochte ich ihr behilflich zu sein, um dem Steward ihre Wünsche betr. Gepäck zu übermitteln, wodurch ihr sehr geholfen war.

Bei einer anderen Dame, Mrs. Y., ist es mir erst in Schanghai klargeworden, welches Landes Kind sie war. Sie war sehr gewandt, sprach ebenso gut Französisch wie Englisch, nicht aber Deutsch; so strandete sie beim Empfang eines deutschen Briefes sehr vertraulichen Inhalts, den sie sich von mir übersetzen ließ und der mir erst später völlig klar wurde. Nur um die Buntheit des Lebens aufzuzeigen und weil wohl niemand all dieser Beteiligten noch lebt, sei folgendes erzählt. Mrs. Y. hatte in Schanghai mit einem jungen Deutschen zusammen gewohnt, den sie zu einer Brandstiftung angestiftet hatte, um zu Geld zu kommen. Der für den Deutschen zuständige deutsche Konsul verurteilte diesen zu einer Gefängnisstrafe, während Mrs. Y. sich angeblich mit dem belgischen Konsul gut stand und von ihm von der Anstiftung freigesprochen wurde. Der mir zur Übersetzung übergebene Brief war von der Mutter des Deutschen an die Anstifterin geschrieben, die mit einem neuen Freund, einem Engländer, auf einer neuen Fahrt nach Schanghai war.

Ein sehr netter Mensch war in Colombo an Bord gekommen, ein Engländer, jung, gebildet und ansprechend. Er war in Colombo Redakteur an einer dortigen Zeitung und Korrespondent auswärtiger Zeitungen gewesen. Jetzt trieb ihn der Wunsch, weitere Länder zu sehen, nach Japan, wo er sich eine gleichartige Stellung suchen wollte. Als er heraushörte, daß auch ich ein ungebundener Student der Welt war, drang er sehr in mich, doch wie er nach Japan zu fahren und mir dieses schöne Land anzusehen. Indessen hätten schon wesentliche Gründe auftauchen müssen, um ein Umschmeißen meines Weltreiseplanes zu rechtfertigen. Ich blieb dabei, erst China vorzunehmen, und dort auch das für die Reise nach Japan, Sibirien, Rußland, die Türkei und nach Deutschland notwendige Geld zu verdienen. Daß mir dies gelang und daß mir niemals das Herz schlug, wenn ich eine derartige Entscheidung fällte, war teils mein Glück, teils das Ergebnis meines fundierten Wissens, im übrigen aber einer glücklichen draufgängerischen Veranlagung.

ff) Schanghai

So kam das einstweilige Ende der Reise in Schanghai. Dies liegt nahe dem Ostchinesischen Meere, etwa dort, wo der ganz China durchströmende Jantsekiang, der größte Strom Chinas, ins Meer strömt, der weitgehend von Seeschiffen befahren wird. Ein Nebenfluß, nahe der Mündung, der ebenfalls bedeutend ist, ist der Wangpoo. An ihm liegt Schanghai. Den ganzen Wangpoo entlang bis Schanghai steht Fabrik an Fabrik, weitgehend Spinnereien. Wenn ich den Eindruck Schanghais mit dem der südamerikanischen Länder vergleiche, deren Besuch erst kurz hinter mir lag, so hatte ich das Empfinden, aus einem mehr agrarischen Kontinent in ein industrielles Land gekommen zu sein. Natürlich war das nur der Eindruck am Rande. In China, einem Riesenland mit zahlreichen Provinzen und damals etwa 400 Millionen Einwohnern, wurde in erster Linie Ackerbau getrieben, daneben aber an zahlreichen Stellen Bergbau, Gewerbe und Industrie.

Schanghai bot das Besondere, daß es zur Zeit meines Aufenthaltes nicht nur ein Freihandelshafen, sondern auch ein Gebiet war, das im wesentlichen nicht der chinesischen Verwaltung unterstand, sondern einer Stadtverwaltung, an deren Spitze ein Board, bestehend aus Engländern, Deutschen, Amerikanern, Japanern u. a. stand, die völlig frei von der chinesischen Reichs- oder Provinzialverwaltung, kurzum eine so gut wie freie Stadt war. Infolgedessen zogen viele reiche Chinesen hierhin, um vor chinesischen Schröpfungen oder Verfolgungen sicher zu sein. Es gab ein International Settlement, in dem Europäer, d. h. Weiße und Chinesen wohnten. Eine Extrawurst hatten sich die Franzosen geschaffen, die ein von ihnen regiertes Französisches Settlement hatten. Schließlich gab es eine Chinesenstadt, in der nur Chinesen lebten, wo aber jeder Nichtchinese zu Einkäufen, zum Besuch des chinesischen Theaters usw. unbeschränkt Zutritt hatte.

Nun, ich wurde, wie alle Passagiere, am Landungsponton ausgeschifft, wo die meisten von ihren Dienern und Verwandten in Empfang genommen wurden. Ich wußte natürlich von nichts und so standen mir alle Möglichkeiten offen. Mrs. X. stellte mich ihrem Gatten, Herrn X., einem gewandten Wiener vor. Dieser wohnte in einem englischen Boarding-House und brachte seine Familie dort unter. Mir waren alle Hotels und Boarding-Häuser gleich fremd und so fuhr ich im Rikscha in das gleiche Heim. Um diesen Punkt zu Ende zu bringen: Die Inhaberin dieses Boarding-Houses hatte ihre charakterlichen Mängel. Herr X. richtete sich ein eigenes Haus ein und ich wurde einer seiner Boarder. Ein Haus einrichten war in Schanghai mit seiner stark fluktuierenden Bevölkerung eine nicht schwierige Angelegenheit. Man ging zu einem Auktionshaus und ersteigerte einzeln alles, was man brauchte oder zu haben wünschte. Umgekehrt, wer Schanghai verließ, brachte alles zum

Versteigerer. Auch mit dem Hauspersonal war alles sehr mobil. In meinem ersten dortigen Boarding-House erschien ein netter kleiner Chinesenjunge aus der Provinz und bot sich an, leistete auch gute Dienste, wurde aber ausgebeutet und nahm daher Abschied. Das tat er in der Weise, daß er nichts sagte, mittags die Suppe brachte, aber nichts mehr, und es der Inhaberin überließ, festzustellen, daß sie mitten im Essen plötzlich ohne Boy war.

Für mich war die zweite Aufgabe, mir eine Stellung, d. h. ein Einkommen zu verschaffen, von dem ich leben und einen neuen Reisefonds schaffen konnte. Zunächst ging ich aber zum deutschen Generalkonsul, wo man mich längst erwartete. Ich war schon dadurch automatisch ein Begriff geworden, daß 75 Briefe, Zeitschriften usw. auf mich warteten. Seit Buenos Aires war ja Schanghai, das deutsche Generalkonsulat, meine erste zuverlässige Anschrift gewesen. So war ich beinahe schon ein Bekannter. In den nächsten Tagen machte ich dem Generalkonsul, Herrn v. Bury, meinen Besuch, desgleichen seinen Mitarbeitern, dem Vertreter, dem Justitiar usw. Überall gab es nach Prüfung meiner Personalien freundliche und eingehende Unterhaltungen. Herr v. Bury wollte auch versuchen, mich bei der chinesischen Seezollverwaltung, die dem weltbekannten Sir Robert Hart unterstand, unterzubringen und schrieb sofort an den deutschen Gesandten in Peking. Daraus wurde nun allerdings nichts, da ich für die höhere Finanzlaufbahn bereits zu alt sei (27 Jahre). Dies war mir insofern fast willkommen, da ich nicht wollte, daß man sich für mich zu sehr ins Zeug legte, während ich doch nicht bereit war, länger als ein Jahr zu bleiben.

Übrigens war ich keineswegs nur diesem Hauptgewinn nachgelaufen. Vielmehr inserierte ich sofort in der Tageszeitung: „Englisch, Spanisch, German language taught by Dr. Koch." Darauf meldeten sich auch Interessenten, die Stunden nahmen. Mein eifrigster Schüler war ein norwegischer junger Kaufmann, der Mathematikunterricht nahm.

Doch war auch dies nebensächlich und nur unternommen, um nichts zu versäumen. Worauf es mir ankam, war, eine Anstellung in Schanghai zu finden, in der ich Einblick in den ausländischen technischen Import erhielt und sah, wie es andere Nationen machten. Dabei zielte ich in erster Linie auf amerikanische Firmen, in zweiter auf englische und in dritter Linie auf deutsche Firmen. Woher mir diese Weisheit kam und ob sie das richtige traf, weiß ich selbst nicht. Im übrigen war dies mehr eine Wunschlinie, nicht aber die Marschlinie. Die City von Schanghai war leidlich konzentriert. Man konnte sich also an jede leidlich bedeutsam erscheinende Firma wenden. Ich jedenfalls benutzte dort nie den Weg der schriftlichen Bewerbung, sondern ging, ausgerüstet mit meinen Zeugnissen, Diplomen und anderen Unterlagen persönlich zu der leitenden Persönlichkeit der einzelnen mir nach Baulichkeit, Ausstellungsraum, äußerer Aufmachung oder nach Ruf bekannten Firma. So wurde ich mit den Firmen bekannt. Bei einer englischen Firma, Scott, Harding & Company, deren Schaufenster verschiedene Maschinen und technische Artikel zeigten, gut gelegen in Peking Road, sprach ich vor und wurde zu einem der Inhaber, Mr. Cubit, gebracht, der mich bat, ihm gegenüber Platz zu nehmen, da er noch mit der Post beschäftigt sei. (Das Büroleben richtete sich dort insbesondere nach den ausgehenden Schiffen, denn Flugpost gab es ja noch nicht.)

Nach vielleicht einer viertel oder halben Stunde stand er dann aufgeschlossen zur Verfügung, und ich trug ihm mein Anliegen vor, sagte, wer ich war und was ich suchte. Die Dinge lagen nun so, daß Cubit in einiger Zeit nach England reisen wollte. Sein Partner blieb da, so daß das Manufakturwaren-Importgeschäft – eines der größten in Schanghai, das sich en gros ganz ohne Lager abwickelte – versorgt war. Auch war für das technische Geschäft – Fahrstühle, Telefonanlagen, Kabel usw. – ein sehr kompetenter Mann, ein Australier, Mr. Watson, vorhanden, der wohl auch Teilhaber dieser Abteilung war. Für diesen suchte man vorsorglich einen Mitarbeiter. Man war nun bereit, mich als solchen anzustellen, wenn ich nicht zu teuer käme. Ich würde nach meiner Erinnerung 150 mexikanische Dollar (die dortige Währung) erhalten, so daß ich daraus mein Boarding-House, d. h. meinen Aufenthalt bezahlen könne. Das war in der Tat reichlich der Fall. So war ich in kurzer Zeit angenehm etabliert, denn alle genannten Personen waren Gentlemen, mit denen es sich ruhig und befriedigend zusammenarbeitete, und bei denen ich gelegentlich auch eingeladen war.

Die Struktur der ausländischen Firmen in Schanghai war eigenartig. Es gab das Geschäft mit ausländischen (engl. usw.) Firmen und daneben das mit Chinesen. Das letztere ging völlig durch den Compradore, einem Chinesen, der seinen eigenen Stab von Mitarbeitern hatte. Doch erhielt z. B. auch ich mein Gehalt beim Compradore ausgezahlt. Jede ausländische Handelsfirma hatte einen solchen Compradore. Selbst bei einer der ausländischen Banken traf ich einen Chinesen als Compradore, den ich zufällig kannte, und zwar als Inhaber einer Schiffswerft, die ich besichtigt hatte; sein erwachsener Sohn ging bereits europäisch gekleidet.

In unserer Technischen Abteilung fielen mir nun die verschiedensten Aufgaben zu. Die Bautätigkeit in Schanghai brachte es mit sich, daß wir eine Reihe von Aufträgen auf den Einbau von Personenaufzügen bekamen. In einem Falle ließen wir die Montagearbeiten durch eine chinesische Kolonne ausführen, an deren Spitze ein ganz ausgezeichneter chinesischer Werkmeister stand. Nur sprachlich ergaben sich zunächst leichte Schwierigkeiten, da Englisch nicht ausreichte, man mußte Pidgeon sprechen, ein korrumpiertes Englisch, in dem kein r vorkommen durfte. So sagte der Meister: „Wantjee loom!“ Ein loom ist im Englischen gemeinhin ein Webstuhl, so daß ich fragte: „What ji want ji loom for?“ Er: „Putti things!“ Also er wollte einen Raum (room), um seine Sachen, Werkzeuge usw. unterzubringen. Ein anderer Fall betraf eine gelieferte Telefonanlage, die nicht zuverlässig funktionierte und bei der ich die Fehler finden sollte.

Bei einem Angebot für das Fernsprechamt für die Landeshauptstadt Peking hatten wir als letzten Posten geschrieben: „Für den Herrn Minister 5%“, was durchaus erlaubt war. Der Herr Minister ließ uns aber wissen, daß ihm von anderer Seite 10% geboten seien. Wenn wir ihm aber 15% zahlen würden, so sollten wir den Auftrag erhalten. Diesmal wurde die Affäre publik und der Herr Minister verlor seinen Posten. Die Handelsgebräuche waren aber besonders, und man mußte sehr elastisch sein, um zum Ziele zu kommen.

Da Scott, Harding & Co. zwar z. T. große Umsätze machte, auf technischem Gebiet aber noch im Aufbau und nicht überall bekannt war, so unternahm ich es, bei allen technischen Betrieben vorzusprechen und einen bestimmten Apparat anzubieten. Als ich einer chinesischen Mühle, die englische Betriebsbeamte hatte, nun rühmte, wieviel Kohlen man durch Einbau dieses Apparates sparen könne, sagte man mir lachend: „Sie kommen bei uns vor die falsche Tür. Unsere chinesischen Direktoren bekommen beim Kohleneinkauf Prozente. An Kohlen darf daher nicht gespart werden!“

Jedenfalls kam es in meinem Falle nicht sofort auf Verkäufe an, sondern in erster Linie auf Bekanntwerden. Dabei erhielt ich dann einen erfreulichen Eindruck in die Verhältnisse, lernte auch die dortigen Menschen kennen. Andere Werke besichtigte ich nur aus allgemeinem Interesse. In den großen Spinnereien mußte es dem europäischen Auge auffallen, daß die Frauenarbeit es mit sich brachte, daß zwischen den Maschinen auch kleine Kinder herumspielten, über die günstigstenfalls das Auge der Mutter wachte.

Einer meiner Besuche galt auch einer Besichtigung des Kaiserlichen Kiangnan Arsenals, das 3000 Arbeiter beschäftigte. Hier mußte ich durch den deutschen Generalkonsul eingeführt werden, wurde aber mit allen Ehren — einschließlich Sekt — empfangen.

Für mich selbst trug eine meiner Vorsprachen unerwartete Früchte. Bei meinen ersten Bemühungen um eine Stellung hatte ich auch bei dem deutschen Edelstahlwerk Böhler vorgesprochen. Zwar war keine Stellung frei, doch hatte ich mich mit dem Leiter der Niederlassung angeregt unterhalten. Jetzt, nach einigen Monaten, bat er um meinen Besuch. Er sagte dann, daß er beabsichtige, auf einige Monate nach Europa zu fahren um die dortige Zentrale von Böhler aufzusuchen. Ob ich bereit sei, inzwischen die Leitung der Niederlassung Schanghai zu übernehmen? Und ob! Auch die materielle Seite dieses für einen Zugvogel ungewöhnlichen Angebotes wurde erörtert. Sie war natürlich sehr günstig, gegenüber dem bei Scott Harding & Co., vor allem aber war es glänzend, mit einer solchen Aufgabe betraut zu werden. Es war nun nur noch die Zustimmung der heimischen Zentrale einzuholen.

Scott Harding erzählte ich von der Möglichkeit, sie bald wieder zu verlassen, worauf sie mich ersuchten, doch unter starker Gehaltserhöhung zu bleiben, was ich auch akzeptierte, und nun erhebliche Schätze sammeln konnte. Nicht jeder Plan verwirklicht sich, und so ist auch die Reise des Böhlermannes nicht während des Zeitraumes zustande gekommen, den ich für China eingeteilt hatte.

Gleichzeitig hatte ich aber noch ganz anders geartete Dinge im Laufen. Ich war, wie berichtet, an der TH Charlottenburg Dipl.-Ing. (des industriellen Verwaltungswesens) geworden. Meinen Wunsch, auf diesem Gebiete mit einer technisch *wirtschaftlichen* Arbeit dort zum Dr.-Ing. promovieren zu können, hatte man mir abgeschlagen, und so hatte ich den Dr. phil. an der Universität Berlin erworben. Jetzt schrieb ich erneut an die TH, wo inzwischen Herkner den Lehrstuhl für Wirtschaftswissenschaften übernommen hatte, ob ich nicht jetzt mit einer Arbeit über „die Industrialisierung Chinas“ zum Dr.-Ing. promovieren könne. Diesmal kam eine zustimmende Antwort, vielleicht in Würdigung der Tatsache, daß doch ein jedenfalls erhebliches Streben bei mir aus diesem Antrag, aber auch aus der inzwischen veröffentlichten Dr. phil. Dissertation und den Aufsätzen erkennbar war.

Also heran an die neue Aufgabe, die neben meiner laufenden Arbeit bewältigt werden mußte. Günstig war, daß man sich in Schanghai im Dienst nicht zu überarbeiten brauchte. Diese beanspruchte einen wie üblich vormittags drei Stunden und ebensoviel am Nachmittag. Auch war eine kleine wissenschaftliche Bibliothek ganz in der Nähe meines Büros, die viel Buchliteratur über China enthielt, während es auch eine geeignete Zeitschrift, The Far Eastern Review, gab, die manches Material gebracht hatte, mit deren Herausgeber ich mich auch unterhalten konnte. Da ich täglich einen erheblichen Teil meiner Freizeit auf die Dissertation verwendete, schritt diese auch gut vorwärts und bald hatte ich alles Material zusammen.

Die Lotterie des Lebens enthält aber nicht nur Treffer. Mir setzte das Klima Schanghais zu. Zwar konnte ich meinem Dienst noch täglich nachgehen, doch schlich ich schließlich die Treppen nur noch hinauf. Darauf verordnete mir der Arzt absolute Bettruhe und verbot jedes Essen. Meine einzige Nahrung war Milch. Ich habe nie geglaubt, daß das Hungern so wenig peinigend ist. Da ich vorschriftsmäßig bettlägerig war, so konnte ich den ganzen Tag dazu benutzen, auf Grund meiner Unterlagen das endgültige Manuskript der Dissertation im Bett zu schreiben. Dieses Manuskript habe ich dann nach Berlin geschickt, abschreiben lassen und bei der Fakultät einreichen lassen, unter gleichzeitiger Ankündigung, daß ich Ende 1909 nach Berlin kommen würde, um mich vorzustellen und zur mündlichen Prüfung zu melden. Hier liegt also der wohl seltene Fall vor, daß eine Dissertation von 86 Druckseiten verfaßt worden ist, ohne einmal zu essen! Sie erschien sofort bei Julius Springer[7] und wurde sehr beifällig rezensiert. Die „Frankfurter Zeitung" schrieb (aus der Erinnerung zitiert), daß es das modernste Buch über das wirtschaftliche China sei. (Der Berliner Bezirksverein Deutscher Ingenieure, der nicht ahnte, daß ich wieder in Berlin war, machte die Arbeit gelegentlich eines Festabends zum Gegenstand eines Vortrages, gehalten von Prof. Eugen Meyer, bei dem ich unerkannt Zuhörer war.)

Inzwischen war ich längst gesundet und ging wieder meiner laufenden Arbeit bei Scott Harding & Co. nach. Bei meinen Belgiern, zu denen ich gezogen war, um mich im Französischen zu üben, war ich ausgezeichnet aufgehoben. Auch kam ich jetzt dazu, in meiner freien Zeit die *Annehmlichkeiten* Schanghais zu genießen. Die letztere war eine Stadt von schätzungsweise 400 000 Chinesen und 3000 Weißen. Regiert wurde die Stadt wie erwähnt von einem Stadtrat, der hervorragend viel für die Annehmlichkeiten der wenigen Weißen tat, die fast alle etwa dem gleichen Bildungsgrad und der gleichen sozialen Schicht angehörten. So war ein Orchester da, geführt von einem deutschen Musikdirigenten. Sämtliche Solisten waren Deutsche, die übrigen Musiker Filipinos. Zu den sehr guten sonntäglichen Konzerten in der Stadthalle bin ich regelmäßig gegangen. Für die anders Interessierten gab es an zwei Spätnachmittagen, also nach dem Dienst, an der gleichen Stelle Tanzmusik. Im Sommer waren am „Bund", d. h. im Park am Whangpoo-Ufer abends regelmäßig Konzerte, die, wie alle anderen gesellschaftlichen Veranstaltungen, nur für Weiße zuzüglich Japaner waren. Es gab aber auch kommunale Rennplätze, ebenso Tennisplätze, auf denen ich mit mir bekannten jungen deutschen Kaufleuten spielte. So war in dieser quasi kolonialen Stadt ausgezeichnet für

[7] Waldemar Koch, Die Industrialisierung Chinas, Berlin 1910.

alle Weißen und die sich in geringem Maße auch beteiligenden Japaner gesorgt. Chinesen wurden nicht zugelassen. Ein sicher längst überwundener Zustand.

Inzwischen lief der Zeitabschnitt ab, den ich Schanghai eingeräumt hatte und ich bereitete nunmehr meine Reise nach Japan und Rußland vor. Die Kosten dafür hatte ich erspart und in meiner Tasche. Als weiteren Überschuß aus meiner Tätigkeit konnte ich mir von der Deutsch-Asiatischen Bank einen Scheck über 1000 Mark auf Konstantinopel geben lassen. Bei allen Kosten einer angemessenen Lebenshaltung und Teilnahme am kulturellen Leben, Einkäufen von Geschenken, wie Pelzen, Kampherkisten u. a. war mir doch soviel übriggeblieben. Das Finanzprogramm war also auch richtig gewesen. Mehrere Kisten mit Büchern, Sachen usw. schickte ich wieder mit einem Lloyddampfer durch einen Landsmann nach Bremerhaven meiner Mutter ins Haus. Der Rest meiner Reisen brachte keine längeren Aufenthalte. Jetzt konnte mit leichtem Gepäck gereist werden.

gg) Japan

Nippon, Japan, ist abgesehen von Deutschland das schönste und lieblichste Land, das ich in der Welt gesehen habe. Auch wird wohl mancher überrascht sein, wenn er hört, daß die Japaner die bei weitem sauberste Nation ist, die ich kennengelernt habe. Jeder einzelne, groß und klein, Männlein und Weiblein, badete täglich, wenn auch auf japanische Weise, nämlich im gleichen Wasser, alle im gleichen Badekasten. Das sah ich, als ich selbst an die Reihe kam.

Zunächst fuhr ich mit einem japanischen Passagierdampfer von Schanghai nach Japan, wo Nagasaki unser erster Anlaufhafen war, dessen Name inzwischen durch die zweite Atombombe des zweiten Weltkrieges sehr viel bekannter geworden ist. Auf dem recht eleganten japanischen Dampfer teilte ich meine Kabine mit einem japanischen Baumwollgroßhändler, mit dem ich das gleiche einstweilige Reiseziel, Osaka, seinem Geschäftssitz und Wohnsitz, hatte. In Nagasaki, wo das Bekohlen der Schiffe durch zartwirkende, kleine Frauen geschah, hielt ich mich nicht weiter auf, sondern reiste mit meinem Baumwollhändler, der ein gut englisch sprechender, gewandter und gefälliger Mann war, nun per Bahn durch dieses Inselreich. Die Eisenbahnwaggons boten mit ihren zwei Längsbänken und darauf ein buntes Volk im Kimono, einen farbigen, heiteren Anblick. Die Verpflegung, insbesondere in Spankartons servierte Fische, machte wie alles einen ungemein appetitlichen und geschmackvollen Eindruck. Nicht selten ging es über eine Eisenbahnbrücke von einer Insel zur anderen. Auf den Feldern sah man völlig nackte Männer mit Hacken den Boden aufreißen, eine schwere Arbeit, die im Rhythmus vor sich ging. Die Landschaft war entzückend.

Die nächste große Stadt war Kobe, der Hafen von Osaka, welch letztere ein großes Produktionszentrum und eine Großstadt ist. Trotzdem gab es damals kaum große, massive Gebäude. Vielmehr hatte man den Eindruck einer leichten Stadt; selbst das Theater war leicht gebaut. Das Innere eines Hauses bekam ich in Osaka bei meinem Reisegefährten, einem wohlsituierten Großkaufmann, zu sehen, der seine Gattin bei der Rückkehr von der Reise begrüßen wollte. Am Hauseingang mußten wir beide die Schuhe ausziehen und draußen stehen lassen. Das Schicksal hatte es glücklicherweise so gefügt, daß meine Strümpfe heil waren und ich nicht bloßgestellt wurde. Dann wurde ich in einem benachbarten Hotel untergebracht. Hier war das Zimmer, das einen bizarren Steingarten hinter sich hatte, wohl das harmonischste, das ich je gehabt hatte. Dabei war das einzige, in ihm enthaltene Möbelstück ein hölzerner Vasenuntersatz. Sonst hatte es nur hölzerne Wände, die verschiebbar waren, und gleichzeitig überall Durchgang. So auch zum Garten, zum Baderaum usw. Abends wurden Matratzen hereingebracht, auf denen man schlief. Die ganzen Häuser wirkten etwas durchsichtig. Ich weiß, daß, ohne es zu wollen, am Spätnachmittag um die Badezeit die Nachbarin ohne zu zögern bei offener Tür unbekleidet durch die Räume schritt. Mir selbst ging es fast ähnlich. Auch kamen eines Nachmittags eine Anzahl Frauen und Kinder uneingeladen zu mir zu Besuch, weil diese – nicht ich – erfahren hatten, daß eine Schauspielertruppe zu mir käme, um Aufführungen zu machen. Als diese letzteren vorüberwaren und die Badezeit heranrückte, kamen zwei junge Mädchen, die mich vor allen Gästen auszogen. Offenbar war man interessiert, zu sehen, wie ein Europäer von unten aussah. Indessen war ich noch nicht genügend akklimatisiert, denn als die letzte Hülle fallen sollte, zog ich mich zurück und wurde von den jungen Mädchen, wohl Dienerinnen, in das Bad geführt, das übrigens allen dienen sollte.

Hier aber ergab sich für mich ein neues Problem: die Japaner baden so heiß, daß die Temperatur auch für den letzten reicht. Ich mußte befürchten, mich völlig zu verbrühen, wenn ich so ohne weiteres in den hölzernen Kasten, der einem als Bad diente hineingestiegen wäre. So mußte ich O-Sahi-San, die mich betreute, mimisch bitten, zunächst einige Eimer kaltes Wasser zu holen, wobei sie wohl innerlich über den Feigling gelacht hat.

Mit den Töchtern des Hauses habe ich mich übrigens ergiebig unterhalten, obwohl sie kein Wort Englisch und ich kein Wort Japanisch konnten. Als Mittler dienten Ansichtskarten, über die sie ihre Ansichten jeweils mimisch ausdrückten. So über die Schönheit der eingebogenen Nasenrücken der japanischen Frauen, im Gegensatz zur europäischen Frau mit ihrer gradlinigen Nase. Eine kleine Tochter erfreute mich mit einem feierlichen Konzert, vorgetragen auf einem der Gitarre ähnlichen Instrument.

Auch mein Baumwollnachbar ging eines Abends mit mir aus, ich im japanischen Kimono. Wir überlegten wohin und versuchten es zunächst mit dem Theater. Aber vor dem Theater standen wohl hundert Paar solcher Pantoffel, von denen ich nicht ahnte, wie man eines vom anderen unterscheiden konnte. Jedenfalls wagte ich nicht, meine Lederschuhe der vollen Freiheit anzuvertrauen, da man auf der Reise sehr auf sein gut eingelaufenes Schuhzeug angewiesen ist. So verzichtete ich auf das Theater, das ich gern gesehen hätte, zumal ich es mit den gesehenen, teils sehr primitiven, teils schon überzüchteten chinesischen Bühnen hätte vergleichen können.

Mein Führer schlug nun vor, ein Bordell zu besuchen, mit dessen Besitzer er „befreundet" war, was vielleicht nicht der ganz treffende Ausdruck war. Die Einrichtungen waren aber sehenswert und zwar schon von außen her. Jedes Etablissement hatte ein Schaufenster, in dem sämtliche Damen zur Schau standen oder saßen, so daß der Interessent die Auswahl hatte. Wir ließen ebenfalls ein Mädel von vielleicht 20 bis 25 Jahren nach oben kommen, wo wir mit diesem und mit dem Inhaber Tee tranken. Die Unterhaltung seitens des Mädels war sehr zurückhaltend und bescheiden. Ich erinnere mich, daß ich sie fragte, wie sie hieße, worauf sie sagte O-Taku-San, was mir als „die zum Geld verdienen entsprungene“ übersetzt wurde. Das mag auch die Grundeinstellung in diesem Berufe sein. Diese Prostituierten gehen später wieder heim und heiraten dann auch. Soziologisch war mir noch interessant, daß, wenn jemand vom Liebestempel ernsthaft Gebrauch machen wollte, beide Teilnehmer zuerst gemeinsam ein Bad nahmen.

Im ganzen sind die Japaner gute Geschäftsleute. In meinem Hotel hatte mein Bekannter und Nachbar meine Rechnung am Abend vor der Abreise einschließlich Trinkgeld für meine Rechnung geregelt. Das hinderte aber nicht, daß man mich am anderen Morgen noch kräftig schröpfte. Immerhin war der Aufenthalt sehr befriedigend gewesen.

Vor meiner Weiterreise habe ich noch für meine Schwester, meine Kusine Olga in London und die kleine Tochter einer Potsdamer Bekannten je einen Kimono und eine Schärpe gekauft und nach Europa geschickt, die sehr schön waren, aber auch entsprechend Geld kosteten.

Zum Schluß ging die Reise nach Kioto, der Stadt der Tempel und Schreine, Parke und Teiche, ein feierlicher Anblick, zu dem auch die Japaner wallfahrten.

e) Sibirien—Rußland

Der weitere Weg führte nun zwar in Richtung Heimat, noch aber nicht in die Heimat selbst, sondern einstweilen noch in ferne Länder. Zunächst fuhr ich mit einem russischen Passagierdampfer, weiß angestrichen wie alle, von dem japanischen Hafen Tsuruga nach Wladiwostok. Ich war sparsam wieder ins Zwischendeck gestiegen, geriet aber auf Grund eines Vorschlages des Zahlmeisters, der meine Papiere prüfte, unverzüglich in die I. Klasse an die Kapitänstafel gegen Zahlung eines Zuschlages nur für die Mahlzeiten. Bei Tisch wurde nur Deutsch gesprochen, obwohl ich wohl der einzige Deutsche war. Offenbar war der Kapitän Balte und auch die Besatzung stammte wohl überwiegend von der Ostsee.

Wladiwostok war eine typische Seestadt. Was mir auffiel war nur, daß anscheinend an allen Häusern Kunst & Albers stand. So wurde ich an die alte Erzählung von dem Manne erinnert, der nach Amsterdam fuhr, sich auf der Straße nach dem Eigentümer der großen Bauten, Schiffe, Wagen u. a. erkundigte, aber überall die Antwort „Kann nit verstahn“ erhielt und den Herrn „Kanitverstan“ dann für einen reichen und mächtigen Mann hielt. Als ein Leichenwagen vorbeikam und er sich nach dem Manne erkundigte, der beerdigt wurde, antwortete man ihm wieder „Kann nit verstahn“. „Ach, sagte der Wanderer, der arme Herr Kanitverstan, so reich und nun im Sarge!“

So sah ich in Wladiwostok zunächst nichts als „Kunst & Albers“. Wie ich wohl später hörte, handelte es sich aber um ein großes Hamburger Handelshaus, das in Wladiwostok und anderswo in Sibirien Einzelhandelsbetriebe der verschiedenen Art, wie Warenhäuser, aber auch Drogerien u. a. errichtet hatte.

Ich hielt mich in Wladiwostok nur kurz auf, da mein Warenbedarf nur eng begrenzt war, je ein russisches Wörterbuch und eine Sprachlehre, sowie Tee-Utensilien. Die ersten russischen Worte, die ich lernte, waren Shai (Tee) und Shaina (Teekanne), wobei ich mich für die Rechtschreibung nicht verbürge. Die russische Sprache ist eine schwierige Sprache, wozu auch die Schreibweise beiträgt. Ich bin aber überall mit Deutsch durchgekommen. Die Bahnfahrt von 14 Tagen Dauer führte der Abkürzung halber durch die *Mandschurei.* Über seine Hauptstadt Charbin flatterte über dem Dache des Yemens, des Dienstgebäudes des chinesischen Gouverneurs der Mandschurei, das gelbe Banner mit dem roten chinesischen Drachen. In die Mandschurei waren im letzten Jahrzehnt wohl 10 Millionen Chinesen eingewandert, so daß die Relation der chinesischen zur mandschurischen Bevölkerung sich rasch zugunsten der Chinesen änderte. Welche Umbildung seit der Zeit Marco Polos, der wohl 600 Jahre vorher von Jugend auf eine hohe Vertrauensstellung beim Cubla Khan einnahm und fast ein Menschenalter hindurch mit großen und verantwortlichen Aufgaben in allen abhängigen asiatischen Ländern betraut wurde, bis er nach Venedig zurückkehren durfte.

Ich konnte also von Wladiwostok direkten Wegs nach Sibirien hineinfahren. An der Grenze saßen die Bauernfrauen mit Körben von gebratenen Hühnern, 1 Mark das Stück, die einen willkommenen Beitrag zur Selbstverpflegung lieferten. Daneben gab es wohl noch Bahnrestaurants, weniger aber die Zeit für ein Mahl. Dagegen stand auf jeder Station der sibirischen Bahn ein eingemauerter Kessel mit kochendem Wasser, aus dem jeder Reisende beliebig in seine Teekanne zapfen konnte. Der Verkehr von Fahrgästen war recht lebhaft, zunächst überwiegend aus Angehörigen der jeweils ansässigen Völkerschaften, in Schafpelze gehüllt, wobei man bei dem engen Sitzen doch Angst vor Untermietern hatte.

Sehr schön war die gebirgige Gegend des Baikalsees, die ein landschaftlicher Genuß von weiter Erstreckung war. Dann kam auch bald Irkutsk, eine Stadt von leidlicher Größe. Damals gab es dort drei Kinos und auch eine Hochschule. Der Markt gab Gelegenheit zum Einkaufen, wobei ich die Einkaufsverhandlungen mit den Bauernfrauen an Hand meines Wörterbuches führte. Ich bin aber nicht ganz sicher, ob sie mein Russisch oder nur die Zeichensprache meiner Hand verstanden.

Schon nachmittags ging die Reise weiter. Sie wurde jetzt etwas lebendiger hinsichtlich der Reisegefährten. Es fehlten nicht die Kirgisen, Jakuthen und andere sibirische Volksgenossen, doch überwogen bei weitem die Russen. Die Waggons waren auch in der dritten Klasse darauf eingerichtet, daß man tage- und wochenlang im Zuge blieb. Abends wurden aus Bank, hochgeschlagener Rückenlehne und Gepäckfläche drei Schlafplätze gemacht, desgleichen auch je zwei Plätze senkrecht dazu an jeder Fensterseite, im ganzen also zehn Schlafplätze in jedem Abteil.

Wunderschön war in der Nacht die Feuergarbe, die die damals holzgeheizten Lokomotiven gegen den Himmel und den hinteren Zug entlang verströmten. Kohlen habe ich dort nicht zu sehen bekommen, wohl aber an den Haltestellen lange Stapel von Holzscheiten.

Die Passagiere wechselten, wie es in einem Personenzug wohl das Natürlichste ist, leidlich häufig. Einmal meldete sich auch ein Deutscher bei mir, ein musikalischer

Clown, der in Sibirien im Zirkus oder im Varieté wohl zeitweise gut verdient hatte, dann aber abgebrannt war. Zu mir trieb ihn wohl der nackte Hunger, den ich für das erste stillen konnte. Sein weiterer Wunsch ging nach Geld zur Fortsetzung der Reise nach Moskau, den weder ich noch ein anderer zu erfüllen bereit war. Daß er kein Schwindler war, sah ich, als in Cheliabinsk, einem Kreuzungspunkt sibirischer Bahnen, wir auf eine reisende große elegante Zirkusgesellschaft trafen, der er früher angehört hatte und die ihn allgemein begrüßte. Auch bot man ihm eine Stellung im Orchester an. Indessen lehnte mein Clown ab, weil der andere Zug in der falschen Richtung fuhr, nicht nach Moskau, wohin er strebte. Wir haben uns noch lebhaft unterhalten, einschließlich eines sehr lebendigen deutschsprechenden Kaufmanns, so daß ich Informationen aus erster Hand schöpfen konnte.

Aus den Seitengebieten Rußlands strömten über die dortigen Nebenbahnen weitere Reisende hinzu. Als ich einmal unter lauter Russen saß und deshalb notgedrungen stundenlang stummer Zuhörer war, sprach mich auf einmal ein hübsches junges Mädchen in Schuldeutsch an. Sie kam aus dem Gebiete des Emir von Turkestan, war dort mit einem Fürsten verlobt, von denen es vielleicht nicht wenige gibt, und hatte einen Bruder, der in München Medizin studierte. Im Augenblick war sie auf der Reise nach Polen zu Verwandten. Für den Rest meiner Reise war ich mit einer sympathischen Plauderei mit dieser gebildeten und höchst charmanten jungen Dame versorgt. Erst als wir den sehr schönen, erzreichen Ural mit seinem interessanten Tula, und seinen Silberschmuckwerkstätten hinter uns hatten, trennte uns der Fahrplan. Sie fuhr nach Warschau und ich zunächst nach Moskau.

aa) Moskau

Moskau, die Hauptstadt des alten Rußlands, erst seit Peter dem Großen durch das neu erbaute Petersburg ersetzt, repräsentierte noch das alte Rußland, in dem damals noch der deutschlandfreundliche Zar Nikolaus regierte, welch letzteres Wort allerdings kein passender Ausdruck war. Hunderte von Kirchen in ihrem russischen Stil ergaben zusammen ein prächtiges Bild, in dem das Religiöse überall hervortrat. Auf der Bahn hatte z. B. jede Gepäckaufbewahrungsstelle ihr Heiligenbild mit Kerze. Auf einer Hauptstraße von Moskau sah ich ein Madonnenbild, ebenfalls beleuchtet. Jeder vorüberkommende Russe küßte auf diesem Bilde die Arme aus innerer Hingabe. Mich erschütterte in erster Linie die hygienische Gefahr einer solchen Verehrungsweise.

Natürlich habe ich auch den Kreml besucht, ein großes altes Bauwerk inmitten Moskaus, auf einem mäßig hohen künstlichen Hügel, von einer hohen Mauer umgeben, durch die Tore führten. Fast hatte ich einen Zusammenstoß mit einem Wachtposten. Wahrscheinlich war irgendein Heiligenbild in der Nähe, dem ich nicht meine Ehrerbietung zum Ausdruck gebracht hatte. In einer der Kirchen, die auf dem Kreml stehen, war gerade Gottesdienst. Bei der Schar von Priestern, die ihn zelebrierten, fiel einem auf, daß jeder von ihnen, auch soweit sie relativ jung waren, über einen mehr oder minder stattlichen Vollbart verfügten.

Die Stadt machte 1909 im ganzen einen imposanten, aber nicht gerade eleganten Eindruck. In den Läden habe ich wieder mein Wörterbuch benutzt. Auf den Straßen war der Verkehr recht lebhaft. Als ich ein großes Restaurant betrat, überfiel mich, der ich wohl stark erkältet war, ein heftiger Hustenschauer, so daß ich zunächst stockte. Ein Russe rief mir auf deutsch zu: „Setzen Sie sich zu mir!" So hatte ich gleich einen Gesprächspartner gefunden, der mit mir über Moskau plauderte.

Indessen dauerte mein Aufenthalt in Moskau nur wenige Tage, begrenzt auch durch die Barmittel, über die ich verfügte. Ich mußte dann zum Bahnhof für die Richtung Kiew—Odessa. Dieser Bahnhof bot ein typisch russisches Bild. In der Halle lagerten Hunderte von Reisende, wohl Landbewohner, inmitten ihrer Bündel und Familienangehörigen auf dem Boden hockend, vielleicht auf einen Zug oder auch auf Fahrkarten ansitzend. Im ganzen ein tristes Bild, das mich mehr aus der abendlichen Schneelandschaft heraus an die Szene erinnerte, als Anna Karenina den geliebten Wronsky an den Zug nach Petersburg bringt, äußerlich Abschied von ihm nimmt und sich dann unter den fahrenden Zug wirft!

Schon rollte mein Zug in Richtung Odessa, dicht besetzt, mindestens in meinem Abteil, nur mit russischen Juden. Das hatte jedenfalls den Vorteil, daß ich mich mit ihnen unterhalten konnte. Sie sprachen mit mir deutsch oder jiddisch, das ja dem Deutschen zum Teil verwandt ist. Mich beschäftigte ein praktisches Problem. Ich besaß, wie erwähnt, einen Scheck über 1000 Mark auf eine Bank in Konstantinopel. Konnte ich ihn unterwegs anzapfen, diskontieren? Vielleicht in Kiew, der in der Nacht zu passierenden Hauptstadt der Ukraine? Das Problem wurde unter den Fahrtgenossen eifrig diskutiert, wobei der Scheck, ehe ich es hindern konnte, von Hand zu Hand wanderte, so daß ich schon besorgt wurde, ob ich ihn wiederbekam. Aber ich bekam ihn zurück, mit der Auskunft, daß „ein stimmer Mensch" (einer der nicht russisch sprach) ihn hier nicht ganz oder teilweise zu Geld machen könne. Mir blieb nichts übrig, als weiter zu fahren und mich auf mein Glück und meine Sparsamkeit zu verlassen.

Meine Fahrkarte reichte bis Odessa, einem ansehnlichen Kriegs- und Handelshafen, der mir später im „Panzer Potemkin" wiederbegegnet ist. Ich stieg in irgendeinem Hotel ab, wo wie überall ein Kommissionär war, der sich erbot, mir alles gewünschte zu besorgen, auch weibliche Gesellschaft in der Nacht. Immer, wie ein Journalist Kenntnisse sammelnd, fragte ich ihn, was er denn liefern könne. Ich entsinne mich nur, daß er mir ein Fräulein aus einem Butterladen offerierte, auf das ich dann verzichtete. Weiter erbot er sich, mir ein Visum für die Ausreise nach der Türkei zu besorgen. Es sei ausgeschlossen, daß ich bei meinen fehlenden Sprachkenntnissen und Behördenverbindungen zum Ziele kommen würde.

Nun, ich probierte es am nächsten Tage bei der Paßbehörde. Ich konnte kein Russisch, der junge Beamte nur Russisch. Doch hatte ich das Glück, daß dieser gerade mit einer jungen Dame flirtete, die Französisch sprach und sich gern einschalten ließ. In wenigen Minuten hatte ich mein Visum.

Von Odessa gab es eine direkte Dampferlinie nach Konstantinopel, die mich über das Schwarze Meer nach Konstantinopel brachte. Von den Passagieren sind mir nur einige tiefverschleierte Perserinnen in Erinnerung geblieben. Da die See bewegt war, erwiesen sich die Schleier gegenüber der Seekrankheit als recht hinderlich. Mich störte mehr eine Desinfektion an der Grenze, der mein Gepäck an einer Kontrollstation im Bosporus zum Schutze gegen die Einschleppung von Cholera, Pest und anderen Epidemien unterworfen wurde. Solche Vorsichtsmaßregeln hatte ich ja bei meinen vielen Grenzübertritten häufig erlebt. Hier empfand ich die schroffe Behandlung durch die Türken, die ich damals noch nicht für voll nahm, als recht ungehörig. Auch wurden manche Gegenstände, wie z. B. Glacéhandschuhe, durch die Desinfizierung verdorben.

f) Konstantinopel

Dafür war die Fahrt durch den Bosporus ein herrlicher Genuß. Eine nicht gerade breite Wasserstraße, auf der sowohl auf der asiatischen wie auch auf der europäischen Seite rings das Ufer durch Villen, Gärten und Schlösser des Sultans und anderer eingefaßt ist, ein zauberhafter Anblick. Für mich persönlich noch dazu die Sicherheit, daß mein Geld bis Konstantinopel gelangt hatte. Hier zog ich sofort in ein deutsches Hotel, löste am nächsten Tage meinen 1000-Mark-Scheck ein und hatte nun wieder volle Bewegungsfreiheit.

Auch besaß ich eine Empfehlung, wohl vom deutschen Generalkonsulat in Schanghai oder einer ähnlich prominenten Stelle an den Leiter der deutschen Postverwaltung in Konstantinopel. Dieser empfing mich sehr freundlich, führte mich im Deutschen Klub ein und machte mich heimisch.

Konstantinopel, heute Istambul, war 1909, als ich es besuchte, noch weitgehend ein Märchen. Für 1908 war die Zahl der Einwohner auf 1,125 Millionen geschätzt worden. Es zerfiel in drei Stadtteile. Pera, wo die Europäer wohnten, und Galata lagen amphitheatralisch ansteigend auf der europäischen Seite des Bosporus, und zwar nördlich des Goldenen Horns, einer schmalen Bucht, die am Bosporus-Ende von der verkehrsreichen Neuen Brücke überquert wurde. Dieser Teil Konstantinopels war im weiten Umkreis von einer aus dem 5. Jahrhundert stammenden Stadtmauer umgeben, die aber keine militärische Bedeutung mehr hatte. Südlich dieser Brücke liegt der Hauptbahnhof, der Verkehrsmittelpunkt der Stadt. Die Bahn erreichte ihn über eine enge Linie am Marmarameer entlang. An das Marmarameer stößt vom Goldenen Horn ausgehend die alte erwähnte Stadtmauer.

Auf der asiatischen Seite des Bosporus lag der Stadtteil Skutari, in dem auch die türkischen Friedhöfe lagen, die einen malerischen und, infolge der Form der Grabdenkmäler, in der Dämmerung auch etwas unheimlichen Eindruck machten.

Die Türken nennen Konstantinopel auch die Pforte der Seligkeit. Den schönsten Blick hat man, wenn man von dem höhergelegenen Ejub über das Goldene Horn zum Bosporus schaut.

Konstantinopel war eine recht belebte Stadt, in der man auf Angehörige aller Völkerschaften stieß. Im Laufe der Jahrtausende war sie ja zeitweise Sitz der oströmischen christlichen Kaiser gewesen, die später von den Türken verdrängt wurden. Auch die größte der Kirchen, die Agia Sophia, war ursprünglich eine christliche

Kirche und wurde 326 von Konstantin der „heilgen Weisheit" geweiht. Erst nach der Eroberung Konstantinopels wurde sie eine Moschee. Sie war ein imposantes Bauwerk, das mit seinen großen Bögen, von denen einer den anderen stützte, einen eindrucksvollen Raum von großer Weite öffnete; seine kostbaren Teppiche durfte kein Schuhwerk berühren.

Es gab aber weitere Moscheen türkischer Bauart, von deren Minaretts zu den vorgeschriebenen Stunden zum Gebet gerufen wurde. Die schönste unter ihnen ist die 1550 erbaute Suleimanije.

In Ejub sah ich in einer Klostermoschee, die bei der Krönung des Sultans der Schwertumgürtung diente, eine religiöse Veranstaltung der heulenden und der tanzenden Derwische. Die heulenden Derwische saßen in einem großen Kreis und riefen unaufhörlich: „Al illah, il alla", dies im Rhythmus und mit größtem Fanatismus, so daß einzelnen der Schaum vor dem Munde stand. Innerhalb dieses Kreises bewegten sich die tanzenden Derwische, die sich im Rhythmus des Heulens unaufhörlich im Kreise drehten. Die Übung hatte es dahingebracht, daß keiner von ihnen dabei stürzte. Der Raum war dermaßen von religiöser Leidenschaft erfüllt, daß man keinen gegen die anwesenden Christen gerichteten Ausbruch hätte erleben mögen.

In solchen Fragen, wie auch derjenigen des Tragens von Schleiern durch türkische Frauen befand sich die Türkei in einer Übergangszeit, die aber nicht in einem teils mit, teils ohne Schleiergehen bestand. Damals (1909) herrschte ja noch der Sultan Abdul Hamid, der ein großer politischer Freund Deutschlands und des Deutschen Kaisers war. Andererseits gab es die politische Partei der Jungtürken mit Talaat und Enver Bey. Zu meiner Zeit trugen auch in Konstantinopel alle Frauen Schleier. Allerdings waren diese vielfach so fein, daß man die Gesichtszüge voll erkennen konnte und das Gesicht sogar besonders reizvoll erschien. Einige Jahre vorher hatte aber der Versuch von Frauen, unverschleiert in der Öffentlichkeit zu erscheinen, zu gewalttätiger Ablehnung geführt.

Eine einmalige Angelegenheit Konstantinopels waren die wilden Hunde. Es gab unzählige Hunde, die herrenlos auf den Straßen wohnten. Sie waren nach meiner Erinnerung mittlerer Größe, kurzhaarig, und im allgemeinen dem Menschen gegenüber nicht bissig. Wer sie ernährte und wie sie sich ernährten, war ein Rätsel. Jedenfalls bevölkerten sie alle Straßen und kämpften um jeden Bissen. Getötet durften sie aber nicht werden, weil dies die mohammedanische Religion verbietet. Schließlich hat man nach meiner Zeit, wie ich hörte, den Ausweg gewählt, sämtliche Hunde auf Inseln auszusetzen, wo sie sich gegenseitig aufgefressen haben sollen!

Man könnte noch viel über Konstantinopel berichten, über den Bazar, wo Händler neben Händler sitzt, u. a. Jedenfalls ist Konstantinopel eine Stadt mit geballtem Leben; sie war auch Sitz der Regierung, bis Kemal Pascha, der Schöpfer der modernen Türkei, nach dem ersten Weltkrieg die Hauptstadt Ankara, mehr zentral gelegen und dem militärischen Zugriff der europäischen Großmächte damals entzogen, erbaute. Ihm wird nachgesagt, daß er erklärt habe, in seinem Leben zwei Fehler gemacht zu haben, erstens die Erbauung Ankaras und zweitens seine Heirat. Jedenfalls wäre es bemerkenswert, wenn er, anders als alle anderen Menschen, nur zwei Fehler gemacht hätte.

g) Heimfahrt über den Balkan

Was jetzt kam, empfand ich in erster Linie als meine Heimfahrt nach Berlin. Sie ging über Bulgarien (Sofia), Serbien (Belgrad), Ungarn (Budapest) und Österreich. Nur in Wien habe ich meine Reise unterbrochen, denn hier hatte ich mich eines Auftrages zu entledigen. Meine zeitweisen Gastgeber in Schanghai, der Österreicher nebst sympathischer indischer Nebenfrau, hatte mich vor meiner Abreise noch einmal eingeladen. Er erzählte mir, daß sein Wiener Sohn, der nun einen Beruf ergreifen würde, bereits auf der Fahrt nach Schanghai sei, um bei ihm einzutreten. Ich möchte doch auf meiner Fahrt einmal bei seiner Wiener Frau vorsprechen und mich erkundigen, wie es mit der Übersiedlung stände. Diesen etwas eigenartigen Auftrag habe ich durchgeführt. Ich wurde auch freundlich empfangen. Hinsichtlich ihres Sohnes erklärte die Dame indessen, daß er keineswegs auf der Reise nach Schanghai sei. Sie dächte gar nicht daran, ihn zu seinem Vater zu geben, über den sie genau im Bilde sei. Sie brauchte daher auch gar nicht zu versuchen, mich auszufragen. Wenn wir uns nachmittags nochmals im Café getroffen haben, so wird die Unterhaltung Wien gegolten haben. Allerdings hätte ich ihr berichten können, daß in Schanghai einige Wochen vorher ein kleiner Austro-Inder das Licht der Welt erblickt hatte, der mir gelegentlich meines Besuches vorgeführt worden war. Darüber habe ich aber geschwiegen. –

Nun wollte ich weiter nach Berlin, das ich als meine Heimat betrachtete. Ich hatte es also geschafft, eine fast dreijährige Studienreise durch fast alle Erdteile zu machen und in den verschiedensten Ländern mit entsprechend unterschiedlichen Sprachen die verschiedensten Aufgaben zu übernehmen. Das für mich bedeutsamste war, daß ich vom Ergebnis meiner Arbeit meine Reise finanzieren konnte. Nie aber ist es mir schwergefallen, mich zur Aufgabe auch von für mich lehrreichen Stellungen zu entschließen, um meine Weltreise fortzusetzen. Aber so ganz leicht war es nicht. Nur in der Jugend bringt man etwas derartiges fertig.

h) Nutzeffekt der Reise

Nach meiner Rückkehr bin ich von Freunden und Bekannten oft gefragt worden, ob es sich lohnte, drei Jahre für eine solche Bildungsreise aufzuwenden. Gemessen an den Aufgaben, die man mir in den nächsten Jahren übertragen hat, hat es sich durchaus gelohnt. Aber das ist noch nicht das richtige Maß. Unmittelbaren Nutzen habe ich im Exportgeschäft der von mir geleiteten industriellen Unternehmen, ferner bei Ausstellungen der von mir geleiteten Unternehmen, als Leiter der englischen Verkaufsgesellschaft der AEG, als stellvertretender Direktor des Instituts für Weltwirtschaft und Seeverkehr an der Universität Kiel gehabt. Für weit wertvoller halte ich das, was ich allgemein diesen drei Jahren verdanke, den Gewinn an Überblick über die Welt und an Menschenkenntnis. Am höchsten aber schätze ich den Gewinn an eigener Persönlichkeit, das größere Verständnis für das Empfinden fremder Völker, ein. Von dem Ergebnis dieser Reise zehre ich noch heute als Achtzigjähriger.

7. Allgemeine Elektricitäts-Gesellschaft

Mein Leben ist sehr bunt verlaufen und daher nicht so einfach darzustellen, wie in Fällen, wo sich die einzelnen sachlichen Abschnitte zeitlich einer an den anderen reihen. Bei mir verliefen manche Tätigkeiten teils hintereinander, teils auch nebeneinander, teils auch in verschiedenen Ländern, im ganzen weitgehend unterbrochen durch die große Zäsur der beiden Weltkriege.

Meine Tätigkeit bei der AEG, die eine zentrale Rolle in meinem Leben gespielt hat, fasse ich hier zunächst nach ihrem zeitlichen Verlauf zusammen. Im Oktober 1904 hatte ich mein Diplom-Examen an der Technischen Hochschule Berlin-Charlottenburg in der Fakultät Maschinenbau auf dem Gebiete des technischen Verwaltungswesens abgelegt. Nun mußte die Tätigkeit in der industriellen Praxis folgen. Damals lag mir erstens ein Angebot von A. Borsig in Tegel vor, das auf dem Gebiet des Vertriebes von Mammuth-Pumpen lag. Gleichzeitig wurde mir eine andere Möglichkeit geboten, nämlich bei der AEG, Berlin, in der Bahnprojekten-Abteilung. Borsig bot mir 200 Mark monatlich, die AEG 150 Mark. Als junger Mensch empfindet man die Höhe des Gehalts als sehr wesentlich. Ich selbst entschied mich aber für die AEG, weil ich hier die größeren Möglichkeiten sah.

a) Zentrale Berlin

aa) Bahnprojektenabteilung

Am 1. April 1905 trat ich hier meine Tätigkeit in der Bahnabteilung an, die dem Baumeister Pforr, später Vorstandsmitglied der AEG, unterstand. Die Arbeit bot mir keine Schwierigkeit, meine Umgebung war befriedigend. Trotzdem war ich sehr rasch enttäuscht. Ein Großunternehmen hat zum mindesten in personellen Dingen etwas bürokratisches an sich. So schien mir das Vorwärtskommen darin zu bestehen, daß man jährlich zehn Mark Zulage zum Monatsgehalt erwarten konnte, während die Organisation, die Verteilung der Aufgaben im ganzen, d. h. die Stellung blieb wie sie war. Ich sah also kein rasches Vorwärtskommen, was sicher für das Gros richtig gewesen sein mag, im einzelnen aber auch falsch.

Jedenfalls entschloß ich mich sofort, mich nach einer anderen Möglichkeit umzusehen. Vorher wollte ich aber die bei der AEG vorhandenen Möglichkeiten an höchster Stelle ausloten. Generaldirektor der AEG war Emil Rathenau, der die AEG 1883 gegründet und seitdem geleitet hatte. Über das Sekretariat erbat ich bei ihm eine Rücksprache, was von meinen Kollegen als etwas unerhörtes angesehen wurde, galt doch Rathenau als weit höherstehend und mächtiger als der liebe Gott. Nach etwa zehn Tagen wurde ich zu ihm bestellt, den ich bei dieser Gelegenheit zum ersten Male sah. Das letztere war das durchaus übliche, aber vielleicht das vom Standpunkt des günstigsten Betriebsklimas nicht das beste. Diese Vokabel kannte man aber damals noch nicht.

Nun, ich wurde zu Rathenau, damals noch Schiffbauerdamm 22, geführt, einem nicht gerade alten, aber doch ältlichen Herrn, der mich mein Anliegen vortragen ließ. Ich sagte ihm, daß ich erst seit kurzem bei der AEG sei, daß ich aber das Bedürfnis fühle, mein Wissen noch in wirtschaftlicher Richtung zu erweitern. In Frankfurt (Main) bestehe eine von Wilhelm Merton angeregte Institution, die Gesellschaft für wirtschaftliche Ausbildung. In dieser würden ausgesuchte Ingenieure in wirtschaftlicher Richtung in einem mehrjährigen Kursus ausgebildet. Er, Rathenau, sitze dort im Verwaltungsrat, und ich bäte ihn um eine Empfehlung.

Es folgte dann eine längere Unterhaltung. U. a. fragte R. mich, was ich denn dort für meine Existenz bekommen würde.

K.: „100 Mark monatlich."

R.: „Können Sie denn davon leben?"

K.: „Nein, aber Geldverdienen ist ja nicht schwer."

R. kam wohl eine solche Aussage eines jungen Angestellten etwas unerwartet. Er fragte: „Wodurch glauben Sie denn nebenbei Geld verdienen zu können?"

K.: „Durch literarische Arbeiten."

Dies ließ er sich noch weiter erklären, überlegte und sagte dann: „Ich könnte Ihnen auch eine literarische Aufgabe stellen. Die AEG ist 1883 gegründet worden und feiert daher in etwa zwei Jahren ihr 25jähriges Jubiläum. Es liegt nahe, dazu eine Festschrift herauszugeben. Wären Sie bereit, diese zu schreiben?"

K.: „Jawohl!"

Das war für mich in Anbetracht meiner Stellung als jüngster Mitarbeiter in der Bahnabteilung und erst kürzlich gebackener Diplom-Ingenieur ein fabelhaftes Angebot und ich war zum Platzen glücklich. Aus der Ochsentour war ich dadurch heraus und ich übersah, daß ich durch meine neue Aufgabe unendlich lernen und Einblick gewinnen würde. Rathenau sagte mir noch, daß, wenn ich lieber zu dem Frankfurter Institut gehen würde, so wäre er bereit, mir die gewünschte Empfehlung zu geben, die wohl zum Ziele führen würde.

Ich brauchte aber nicht zu überlegen, sagte nochmals zu, und rannte schleunigst zu meiner Bahnabteilung, wo ich das gespannt erwartete Ergebnis der gänzlich aus dem Rahmen fallenden Unterredung berichtete. Natürlich erweckte es größtes Erstaunen; soviel ich annehmen konnte, wurde es mir auch durchaus gegönnt, obwohl ich ja kaum in der Abteilung warmgeworden war, mich allerdings mindestens durch meine Projektierungsarbeiten, ferner durch einen zufällig in diesen Tagen im „Berliner Tageblatt" erschienenen Aufsatz über „Der technische Beamte" bemerkbar gemacht hatte.

bb) Jubiläumsschrift

Umgehend begab ich mich an die neue Aufgabe, in einer neuen, zunächst etwas provisorischen Umgebung. Ich unterstand Geheimrat Rathenau direkt; daneben konnte ich mich an Kommerzienrat Mamroth und an andere Vorstandsmitglieder halten.

Kurz nach meiner Beauftragung hatte Rathenau eine Sitzung des Vorstandes einberufen. Er berichtete von seinem Plan, zum 25jährigen Bestehen der AEG eine Festschrift erscheinen zu lassen. Mit der Abfassung habe er mich beauftragt, den er vorstellte. Die Vorstandsmitglieder sahen sich den 24jährigen Jüngling etwas betreten an und hatten innerlich sicherlich Zweifel, ob ich dieser Aufgabe gewachsen sein würde. Die Autorität Rathenaus war aber so groß, daß niemand Einwendungen machte. Die wenigen mir bis dahin zur Verfügung stehenden Tage hatte ich benutzt, um den Entwurf einer Disposition aufzustellen, zu dem aber kaum Stellung genommen wurde. Nur verbat Rathenau es sich, daß zu seiner Person in einem besonderen Abschnitt Stellung genommen wurde. Alle Herren erklärten sich bereit, mir durch Erteilung von Auskünften behilflich zu sein. Da außer Rathenau auch die Vorstandsmitglieder Deutsch, Mamroth und Jordan seit dem Gründungsjahr 1883 bei der AEG und an ihrem Aufbau beteiligt waren, so waren mir diese Quellen natürlich sehr wertvoll, wenn ich auch die Arbeit nicht so anfaßte, daß ich mir jeweils erzählen ließ, was gewesen war.

Rathenau sorgte vor allem dafür, daß mir alle Quellen offenstanden. So die Gründungsakten. Mir stehen noch die Verträge mit Thomas Alva Edison über die Ausnutzung der Glühlampenpatente vor Augen, die jeweils die eindrucksvolle Unterschrift von Edison trugen. Ebenso das Material über die Umbildung des Verhältnisses zwischen der AEG und Siemens, der Bericht Walter Rathenaus über einen Besuch in Nürnberg, wegen einer Angliederung von Schuckert an die AEG[8] usw. Mir stand einfach alles offen. Vor allem habe ich nach und nach jede der Berliner AEG-Fabriken besucht und mich dort jeweils ein bis zwei Monate aufgehalten, die Fabrikation studiert, die leitenden Leute kennengelernt usw. So die Apparatefabrik (Ackerstraße), die das älteste Werk war. In Verfolg dieser Besichtigung habe ich zunächst eine Darstellung in der für die Festschrift gedachten Ausstattung mit Bildern des Werkes, aber auch mit einer Schilderung der Entwicklung der Fabrikation herausgebracht und vorgelegt. Diese fand bei Rathenau und beim übrigen Vorstand durchaus Beifall, und von jetzt ab hatte ich zunächst gewonnenes Spiel.

Ebenso habe ich die Maschinenfabrik, die Turbinenfabrik, das Kabelwerk und die Glühlampenfabrik, d. h. alle Berliner Fabriken der AEG besucht und ähnliche Darstellungen geliefert. Das Manuskript holte aber weiter aus und begann wohl mit einem Abschnitt über die Entwicklung der Elektroindustrie.

Wie ich schon geschildert habe, hatte ich längst begonnen, nebenbei Wirtschaftswissenschaften an der Universität Berlin zu studieren. Mit Prof. Sehring hatte ich die Lieferung einer Dissertation über „die Konzentrationsbewegung in der deutschen Elektroindustrie“ besprochen, bez. dieses Thema einer Doktordissertation von ihm erhalten. Als die Arbeit geschrieben vorlag, gab ich aus taktischen Gründen ein Exemplar dieser Dissertation an Mamroth zum Durchlesen. Dies tat er, nahm auch vereinzelt dazu Stellung, riet mir aber, es auch Deutsch vorzulegen. Dieser nahm Einsicht, riet mir aber, es auch Rathenau zur Einsicht zu geben.

Rathenau war höchst ärgerlich, daß ich über dieses Thema geschrieben hätte, das mit der Festschrift kollidiere. Eine Einsicht lehnte er ab. Damit hielt er die Angelegenheit für erledigt. Anders sah es natürlich für mich aus. Ich hätte darauf erwidern können, daß ich durchaus guten Glaubens gewesen sei, was schon aus der Vorlegung des Manuskripts bei Mamroth und Deutsch hervorginge. Im übrigen

[8] Koch, Waldemar, Die Konzentrationsbewegung in der deutschen Elektroindustrie, R. Oldenbourg, München und Berlin 1907.

betreffe es nicht nur ein einzelnes deutsches Unternehmen, sondern die gesamte deutsche Elektroindustrie, auch nicht nur ein Einzelproblem. Jedenfalls wollte ich den Zorn Rathenaus nicht auf Deutsch und Mamroth abladen. Ich machte kurzen Prozeß und reichte am nächsten Tage meine Dissertation bei der Universität ein. Die Fakultät genehmigte die Promotion nach nur vier Semestern, und ich legte meine mündliche Prüfung ab, über die ich schon im Zusammenhang mit meinem Universitätsstudium berichtet habe.

Das Manuskript meiner Geschichte der AEG stellte ich nun ebenfalls fertig, doch mußte für das Erscheinen erst das Jubiläum der AEG abgewartet werden. Die Dissertation über die Konzentrationsbewegung in der deutschen Elektroindustrie erschien daher wohl ein Jahr früher als die Jubiläumsschrift der AEG. Natürlich erfuhr Rathenau vom Verleger davon; der erstere war sehr verärgert, daß ich mich über seine grundsätzlich ablehnende Einstellung hinweggesetzt hatte. Er veranlaßte sogar den Verleger, den Absatz zu bremsen. Jedenfalls war unsere Freundschaft damit zunächst zu Ende, was sich aber nur auf ihn beschränkte und sich nicht auf den übrigen Vorstand der AEG erstreckte.

Ich zog aber die Konsequenzen und kündigte meinen Anstellungsvertrag zum 1. April 1907, um nach den USA zu gehen. Mit einem guten Zeugnis und einer schriftlichen Empfehlung an die General Electric Co. in Schenectady zog ich los. Diese Empfehlung habe ich allerdings erst ausgenutzt, als ich vor dem Verlassen der USA noch das Hauptwerk der GEC in Schenectady und die Glühlampenfabrik in New York besichtigen wollte, was auch erlaubt wurde.

Mein Exodus 1907 von der AEG brachte aber keineswegs eine endgültige Trennung. Vielmehr bemühte sich die AEG schon Ende 1908, mich zurückzugewinnen (vergl. S. 61), doch lehnte ich damals ab, weil ich noch eine Reihe von Ländern des Ostens kennenlernen wollte, ohne an die AEG gebunden zu sein. Wir waren damals, Ende 1908, aber so verblieben, daß ich mich bei Geheimrat Deutsch melden sollte, wenn ich meine Weltreise beendet hätte. Als ich im Dezember 1909 von Konstantinopel zurückkam, ging ich dementsprechend zu Deutsch, der mir anheimstellte, zunächst Weihnachten zu feiern, d. h. also zu Haus in Bremerhaven, um mich dann aber wieder bei der AEG in Berlin zu melden.

Zu Hause in Bremerhaven wurde der zwar nicht verloren gewesene, nun aber doch für Deutschland wohl endgültig wiedergewonnene Sohn natürlich herzlichst begrüßt. Aber es litt mich eben nur kurz dort; vielmehr zog es mich rasch wieder nach Berlin zur AEG.

cc) Bahnabteilung VI

Natürlich war ich gespannt, wo man mich dort einsetzen würde. Ich wurde zu Kommerzienrat Mamroth geschickt. Von der Gruppe der Bahnabteilungen hatten die technischen Abteilungen verschiedene Köpfe; z. B. unterstand die Bahnbetriebsabteilung mit Bahnbetrieben in verschiedenen Teilen Deutschlands dem Baumeister Mahnke, die Wechselstromabteilung, die Bahnprojektenabteilung, die Oberleitungsabteilung, die kaufmännische Abteilung dem Baumeister Pforr, der später die Oberleitung der gesamten Bahnabteilung übernahm. Bis 1912 hatte Mamroth die

Verantwortung für B VI, die Verkaufsabteilung für Bahnmaterial. Der bisherige Leiter dieser Abteilung, die Bahnmotore, Oberleitungsmaterial u. a. an Bahnen gehendes Material vertrieb, war zwar tüchtig und erfahren, leider aber schwerkrank und seine Gesundung zweifelhaft (er starb etwa ein halbes Jahr später an Tuberkulose). In dieser Abteilung, in der bis dahin interimistisch ein Bürochef den Betrieb führte, wurde ich diesem zunächst an die Seite gesetzt. Eine Betreuung mit der alleinigen Leitung erfolgte wohl mit Rücksicht auf den noch seine Rückkehr erhoffenden Abteilungschef zunächst noch nicht. Es zeigten sich aber nach einiger Zeit Spuren des Interregnums, und man beauftragte nunmehr mich mit der Leitung von B VI.

Vom Bahnmaterial verstand ich eigentlich nichts, außer vom Studium her. Es war aber bei der AEG Grundsatz, daß es bei der Übertragung eines Postens weniger auf eine Kenntnis des Arbeitsgebietes als auf Fähigkeiten, Schwung, Charakter und Persönlichkeit ankam.

Abgesehen von der Erledigung der täglichen Arbeit der Abteilung, Angebote, normale Offerten, besondere Angebote usw., Heranziehung der technischen Abteilungen, Einkauf, Belieferung u. a., gab es auch die Herbeiführung des persönlichen Kontaktes mit den leitenden Personen der deutschen Bahnen. Im Auslande waren bei den Tochtergesellschaften und Ingenieurbüros der AEG bestimmte Stellen und Personen für das Bahnmaterialgeschäft zuständig. Auch diese mußten auf dem laufenden gehalten werden. Ich besuchte daher etwa jeden Monat den Leiter eines dortigen AEG-Organs sowie den zuständigen Bearbeiter. Auch die abnehmenden Bahnen, wie etwa in Neapel, wurden geeignetenfalls aufgesucht. Meinen Eindruck legte ich nach meiner Rückkehr im Diktat in einem schriftlichen Bericht nieder, zur Orientierung meiner selbst, meines Sachbearbeiters und des Vorstandes. Ganz behaglich war es dabei nicht, wenn ich hinterher erfuhr, daß Mamroth einen solchen kritischen Bericht „vertraulich" z. B. an den österreichischen AEG-Direktor zur Äußerung geschickt hatte. Jedenfalls gewann ich rasch einen Überblick über das deutsche und europäische Bahnmaterialgeschäft.

Daneben galt es aber auch noch, das B VI-Geschäft allgemein aufzubauen. So brachte ich eine „Zeitschrift der Bahnabteilung der AEG" heraus, die wir monatlich an alle elektrischen Bahnen und AEG-Büros versandten, um diese anzuregen. Mir fällt auch eine Neukonstruktion einer vom Fahrer des Straßenbahnwagens während der Fahrt gesteuerte Weiche ein, die ihre Entstehung meiner Anregung und der Konstruktion durch Oberingenieur Kramer verdankte. Mehr seltsam ist, daß die Mehrzahl aller abgesetzten derartigen Weichen gelegentlich meiner Besuche bei den Direktoren durch mich persönlich verkauft wurden, nicht durch die Verkaufsingenieure meiner Abteilung. Man verkauft eben in erster Linie das, was man schätzt.

Auch die ersten Versuche über die Eignung von Diktierapparaten und der einzelnen Marken sind für die AEG auf meine Anregung in meiner Abteilung gemacht worden. Drei Jahre vorher hatte ich bei der Westinghouse Electric in Pittsburgh auf diese Weise Mahnbriefe diktieren müssen. Bei der AEG in Berlin gab es noch nichts derartiges. Diese Aufgabe war daher in erster Linie eine pädagogische. Ich wählte dafür nur meine besten Stenotypistinnen aus und diktierte zunächst selbst.

Das Experiment gelang durchaus. Die Leiter anderer Abteilungen waren nicht wenig gespannt und holten das Urteil der von mir herangezogenen Stenotypistinnen ein. Ich gebe nur eine Äußerung des Verkaufsdirektors und stellv. Vorstandsmitgliedes Dr. Birnholz wieder: „Entweder sind die Mädels alle bestochen oder die Sache ist wirklich gut!" Sie war wirklich gut und ist heute Allgemeingut.

Erstaunlich war, wie Rathenau sich auch über Teilgebiete regelmäßig orientierte. Wenn er verfügbar war, so hielt er in jeder Woche an einem Nachmittag eine Sitzung der Leiter der einzelnen Abteilungen der Bahnabteilung ab, in der jeder Beteiligte über Bemerkenswertes aus dem Gebiet seiner Abteilung berichtete. Rathenau nahm dann, wenn er wollte, Stellung dazu; im übrigen auch jeder, wenn er etwas dazu zu sagen wußte. So erinnere ich mich meiner kritischen Stellungnahme zu den Chancen von AEG und Siemens bei der Ausschreibung einer elektrischen Bahn Valparaiso—Santiago und einer anderen Stockholm—Salschöbaden.

Als ich die Konstruktion eines Apparates und den Bau eines Modelles anregte, der etwa 600 Mark Kosten verursachen würde, erklärte Rathenau, daß das Modell erst gebaut werden dürfe, nachdem die anwesenden Baumeister Körner und Mahnke sich von der Zweckmäßigkeit überzeugt hätten. Die Notwendigkeit, überall sparsam zu wirtschaften, sah ich ein. De facto hatte ich aber den Auftrag längst erteilt. Das wußten auch alle anderen anwesenden Herren, aber niemand machte den Mund auf, um die Tagesordnung nicht aufzuhalten.

Jedenfalls war meine Aufgabe als Leiter der Verkaufsabteilung B VI arbeitsreich, vielseitig und interessant, dabei nicht gerade allzu lukrativ. Um sein Einkommen zu steigern, mußte man bei der AEG, wie anderswo, die Leistungen steigern. Das ging bei mir über den Umsatz der Abteilung, an dem ich beteiligt war. Oder über die Übertragung neuer, größerer Aufgaben.

b) Electrical Company Limited, London

Bei mir ließ eine Beförderung nur zweieinviertel Jahre auf sich warten. Ich wurde zum leitenden Direktor (General Manager) der englischen Verkaufsgesellschaft der AEG bestellt. Die Aufgabe war wesentlich komplizierter als die Leitung der Bahnabteilung VI in Berlin.

War es Skepsis oder Bosheit? Als ich mich von Rathenau verabschiedete, bemerkte er kurz und jedenfalls unpädagogisch: „Ob Sie nun der richtige Mann für England sind?" Ich sagte nur: „Ich hoffe ja!"

Mamroth war zuversichtlicher, jedenfalls, was meine Begabung anbetrifft. Als er mich in London dem Vorsitzenden des Aufsichtsrates vorstellte, sagte er nur: „Dies ist Herr Dr. Koch, der sich durch einen besonderen Mangel an Schüchternheit auszeichnet!" Jedenfalls gehörte Mut dazu, in die Londoner Aufgabe hineinzusteigen. Aber mit meinen 31 Jahren hatte ich doch schon einen großen Teil der Welt gesehen und war nebenbei doppelter Doktor. Dazu der Mangel an Schüchternheit!

Die Electrical Co. Ltd. hatte ihre Zentrale in London, während Verkaufsingenieure in Manchester, Leeds, Newcastle, Glasgow und London stationiert waren. In London saß auch ein Verkaufsspezialist für Metallpreßteile. Ferner war dort eine Verkaufsabteilung für eine besonders geartete kleine Schreibmaschine (Mignon), mit der jeder Laie nach leichter Selbstausbildung seine Korrespondenz schreiben können sollte. Diese Abteilung wurde gemeinsam mit der Union Schreibmaschinen-Gesellschaft, Berlin, betrieben. Die Erfindung stammte von Hefner-Alteneck, dem früheren Chefelektriker von Siemens & Halske. Das Geschäft war sehr mühsam; es wurde später dadurch überholt, daß die AEG eine normale Schreibmaschine entwickelte. Letzten Endes sind daraus nach 1945 die Olympia-Werke AG in Wilhelmshaven entstanden, die heute bei weitem die größte Schreibmaschinenfabrik Europas ist. So geht die Entwicklung selbst großer Unternehmen nach und nach, in diesem Falle über zwei Weltkriege und über die einstweilige Teilung Deutschlands hinweg.

In der Zentrale in London hatte ich Verkaufsabteilungen für Maschinen, Apparate, Zähler, Glühlampen, Kabel, an deren Spitze jeweils Engländer standen, die sehr tüchtige und außerdem angenehme Mitarbeiter waren. Auch ist durch das englische Handelsgesetzbuch für jede Limited Company ein Secretary vorgesehen, der für die Buchhaltung und für die Bilanz verantwortlich ist. Dieser war hier ein früherer Deutscher, der diese Aufgabe seit Jahren zuverlässig durchführte. An weiteren Abteilungen waren in London das Lager, ein Laden für die Versorgung der Elektroinstallateure, eine Reparaturwerkstatt und eine kleine Fabrikationsabteilung für Bogenlampen vorhanden, diese letztere, um gewissen englischen patentrechtlichen Bestimmungen zu genügen.

Was man mir nicht gesagt hatte war, daß die Gesellschaft insofern mit einer Zeitbombe belastet war, als sie ihren *Hauptertrag* bisher aus dem Glühlampengeschäft zog. Dieser Ertrag war aber gerade aus Gründen des technischen Fortschrittes bedroht. Was die Electrical Co. vertrieb, waren Metallfaden-Lampen. Soeben war aber die Metalldrahtlampe entwickelt worden. Beides waren Wolfram-Lampen. Die Drahtlampe besaß aber eine weit höhere Lebensdauer und dadurch weit größere Absatzaussichten. Dazu kam, daß die Weltpatente für die Wolframdrahtlampe sich im Besitz eines Syndikats befand, dem die amerikanische General Electric Co., Siemens, die AEG und Osram angehörten.

In den einzelnen Ländern waren jeweils besondere Regelungen hinsichtlich der Ausnutzung der Patente getroffen worden. Für meine Electrical Co. ergab sich die fatale Lage, daß diese die bisher vertriebenen Metallfadenlampen nicht weiter auf den englischen Markt bringen durfte. Vom Vertrieb der neuen Metalldrahtlampen war sie aber ebenfalls auf Grund der Syndikatsbestimmungen ausgeschlossen. Ein schwerer Schlag, der tötlich sein würde, wenn es nicht gelang, die Electrical Co. hinsichtlich ihrer ökonomischen Basis, ihrer Ertragssphäre umzustellen. Eine schwere Aufgabe, die gleich in der Zeit der Übernahme der Leitung der Electrical Co. auf mich zukam. Sie ist gelungen. Insbesondere ließ sich das Geschäft in Maschinen und Apparaten, in denen die AEG stark und ungehemmt war, durch alle möglichen vertrieblichen Maßregeln ausdehnen.

Im einzelnen könnte man noch an Leistungen nennen, daß zum ersten Male ein sehr guter Katalog der von uns auf den englischen Markt gebrachten AEG-Erzeugnisse herausgebracht wurde. Auch ließ ich erstmalig eine elektrotechnische

Firmenzeitschrift erscheinen, die allmonatlich unentgeltlich an etwa 3000 Elektroinstallateure ging, so daß die Electrical Co. im ganzen und im einzelnen auf dem Markt eingehämmert wurde. Auch bereiste ich zum ersten Male Irland, das damals im katholischen Süden Anstalten machte, sich von England loszureißen, wogegen der protestantische Norden (Ulster) sich mit Waffengewalt und Bindung aller entschlossenen Männer durch einen Eid, dem berühmten Covenant, mit Erfolg sträubte. Ich war selbst dabei, als Sir Edward Carson, der spätere englische Justizminister, in Belfast vom Dache seines Autos aus alle Männer zum bewaffneten Widerstand aufforderte. Die Freiwilligen exerzierten auch regelmäßig in der großen Lagerhalle unseres Vertreters in Belfast, der späteren Hauptstadt von Nordirland.

Hinsichtlich der Geschäftsgebahrung wurde ich durch die AEG Berlin nicht unnötig gehemmt. So kaufte ich eine bestimmte Type Installationsdraht ständig bei einem Nürnberger Konkurrenzwerk.

Jedenfalls konnte ich für mein erstes Geschäftsjahr eine günstige Bilanz vorlegen, die in Berlin als mein Verdienst angesehen wurde. Ich muß aber auch hier sagen, daß meine englischen Abteilungsleiter weitgehend an diesem Erfolg beteiligt waren.

Das Leben in England war auch für einen Ausländer sehr schön. Ich hatte eine sehr interessante, angesehene Stellung mit einem wesentlich gesteigerten Einkommen. Nachdem ich jetzt verheiratet war, bewohnte ich ein schönes Haus nahe der oberen Themse in Teddington, das ich schon fünf Jahre vorher anläßlich der Einweihung des National Physical Laboratory, das unserer Physikalisch-Technischen Reichsanstalt entspricht, kennengelernt hatte. Dies alles lag in der Gegend von Richmond, Kingston, Bushy Park mit dem ehemaligen riesigen Schlosse des Kardinals Wolesey, der es vorsorglich Heinrich VIII. geschenkt hatte. Die hauptsächlich dem Rudersport dienende Themse durchschnitt die ganze Gegend. Im Garten, der mein Haus auf allen vier Seiten umgab, hatten wir einen Tennisplatz, so daß, wenn ich abends nach Hause kam, man erst einmal einige Partien Tennis spielte.

Das gesellige Leben spielte sich fast völlig mit Engländern ab. In England herrscht die Sitte, daß, wenn jemand zuzieht, er nicht Besuche macht. Vielmehr machen die Ansässigen, die mit ihm zu verkehren wünschen, ihrerseits bei ihm Besuch. Natürlich geschieht dies nicht ganz blind. Man betrachtet das Haus, das der Zuziehende bewohnt und sucht seine Stellung oder seinen Beruf zu erfahren. Die Nachbarn, es waren hier alles Einzelhäuser, machten Besuch, aber auch Leute guter Gesellschaft aus nicht zu weit gelegenen westlichen Vororten, z. B. Freunde meines Vorgängers, der nach Buenos Aires versetzt worden war, kamen, mit denen sich dann ein regelmäßiger wechselseitiger Tennisverkehr oder auch gemeinsame sonntägliche Ruderausflüge auf der Themse entwickelten. Der Briefverkehr hat sich z. T. bis in die Gegenwart fortgesetzt.

England und Schottland hatte ich übrigens schon 1906 anläßlich der erwähnten Einweihungsfeier des Nat. Phys. Lab. in einer ausgezeichneten Weise kennengelernt. Wir fuhren mit einer internationalen Gesellschaft, bestehend aus Angehörigen der Elektroindustrien und Elektroverbände der ganzen Welt in Extrazügen von Stadt zu Stadt, nach Birmingham, Manchester, Liverpool, Glasgow, Edinburgh, Newcastle und Leeds. Überall war Quartier in den ersten Hotels vorbereitet, insbesondere aber ein Programm für den Aufenthalt gemacht. In Glasgow besichtigten wir den Bau der Titanic, des damals größten Luxusdampfers der Welt, der später unglücklicherweise an einem Eisberg zerschellte. Ebenfalls in Glasgow nahmen wir an einem Empfang in einem Museum teil, als unsere italienischen Kollegen Lord Kelvin (früher Thomson) eine Wiedergabe aller Konstruktionszeichnungen von Leonardo da Vinci überreichten. So lernten wir damals Großbritannien an seinen Hauptpunkten innerhalb von zehn Tagen kennen.

Das konnte ich nun vervollständigen. Meinen Urlaub haben wir nicht in Deutschland oder auf dem Kontinent verlebt. Vielmehr den ersten in Schottland, teils wandernd, wo wir das Ungeheuer des Loch Ness leider ebensowenig zu Gesicht bekamen wie andere. Teils waren wir in Oban, einem schottischen Seebade, von wo aus wir die Fingalshöhle, aber auch Iruna besuchten, die Insel, auf der eine Reihe von norwegischen Königen begraben liegt. Origineller noch war Portobello, ein Arbeiterseebad. Vielleicht hatte es 5000 Einwohner, aber 20 000 Badegäste, die z. T. auf der Straße nächtigten. In den Industrieorten Glasgow, Edinburgh und Dundee wurden nämlich in jedem Sommer alle Betriebe je eine Woche geschlossen, und wenn möglich zogen die Arbeiter in irgendein Seebad. In diesem Jahre hatten aber alle drei Städte in der gleichen Woche geschlossen!

Im zweiten Jahr waren wir in Irland, wieder zunächst durch die hügelige, baumlose, aber romantische Gegend wandernd, dann in Killarney, einem eleganten Bad in einer subtropischen Gegend, wo die Palmen im Freien wachsen, einige Wochen verbringend.

Im dritten Jahre waren wir in Torquay, einem Seebade an der Kanalküste, diesmal mit Hund, einem Chow-Chow. Es war das Jahr 1914, doch war in der Öffentlichkeit zunächst nicht viel zu spüren, außer daß man in den Zeitungen von den Morden in Sarajewo las. Aber jeder empfand doch Unbehagen, wenn auch die Straßenredner nur davon redeten, daß es keinen Krieg mit Deutschland geben dürfe und würde.

c) Mobilmachung zum ersten Weltkriege

Inzwischen war ich von Torquay nach London zurückgekehrt. Als in den nächsten Tagen die Dinge drohender wurden, versah ich mich, da ein Bankfeiertag bevorstand, an dem also die Banken, wenn auch nur für einen Tag, geschlossen sein würden, in London mit Geld und zwar mit Goldstücken, Sovereigns! Am 1. August 1914 erfolgte die deutsche Mobilmachung, aber noch keine Kriegserklärung. Am Bankholiday, einem Montag, fuhr ich in die Stadt. Hier standen vor dem Deutschen Generalkonsulat hunderte von jungen, militärpflichtigen Deutschen, die hören wollten, ob und wie sie nach Deutschland gelangen könnten. Eine Antwort konnte ihnen niemand geben. Dagegen stieß ich auf einen deutschen Bekannten, der in der Nacht aus Deutschland zurückgekommen war und der mir berichtete, daß Deutschland inzwischen an Frankreich und Rußland den Krieg erklärt hätte!

So war meine Marschroute geklärt. Ich fuhr zurück ins Büro, wo ich Briefe diktierte und Verabredungen traf, ein Zeugnis für einen bei mir tätigen Deutschen schrieb, einem Reserveoffizier, der den Krieg nicht verpassen wollte und durfte. Auch bat ich einen Herrn auf den Nachmittag in meine Wohnung nach Teddington, einen ausgezeichneten Mann, Abteilungsleiter, Engländer, den ich dann zum Generalmanager der Electrical Co. bestellte. Ob und wie ich reisen würde, übersah ich nicht, vielmehr fuhr ich auf gut Glück. Meine Frau konnte ich deshalb auch nicht mitnehmen, nur eine Berliner Dame, die ihre Ferien bei uns verlebte und nun auch darauf angewiesen war, coûte que coûte die Rückreise zu versuchen.

Den Krieg hatte England bisher, d. h. während des Bankholiday, noch niemandem erklärt. Wohl aber tagte schon an diesem Nachmittage das englische Parlament um zu beraten, wie England sich verhalten sollte. Die Frage, die zu beantworten war, hieß, ob England entsprechend dem geheimen „Entwurf" eines Bündnisses zwischen England und Frankreich jetzt Deutschland den Krieg erklären solle. Als ich auf dem Bahnhof Liverpool-Streetstation den Zug nach Harwich besteigen wollte, der angeblich Anschluß an einen nach Ostende fahrenden Kanaldampfer hatte, wurde noch auf dem Bahnsteig eine Zeitung verkauft, in der schon der erste Teil von Greys Parlamentsrede abgedruckt war. Die letztere war nicht gehässig, erklärte aber zwischen den Zeilen, daß England moralisch verpflichtet sei, an die Seite Frankreichs zu treten.

Die Volksstimmung war übrigens bei den Engländern keineswegs kriegerisch. Drei Kabinettsminister traten zurück. Als etwas später meine Frau mir nachreiste und sich bei der Polizei in Teddington abmelden mußte, sagte man ihr: „We should have kept out." Sie möge doch dableiben, in England sei sie am besten aufgehoben!

Nun zurück zu meiner Fahrt nach Deutschland. Der Kanaldampfer fuhr von Harwich. Es waren vielleicht 1000 deutsche Reservisten an Bord, die ihrer Militärpflicht nachkommen wollten. Dementsprechend war die Stimmung hochgespannt. Während der ganzen Nacht wurden an Deck patriotische Lieder gesungen: „Es braust ein Ruf wie Donnerhall", „Zum Rhein, zum Rhein, zum deutschen Rhein", „Stolz weht die Flagge Schwarz-Weiß-Rot an unseres Schiffes Mast". Währenddessen wurde unser Kanaldampfer dauernd von englischen Marinefahrzeugen bestrahlt, und wir überlegten, ob wir etwa noch vor der Landung von den Engländern geschnappt werden würden. Brachte doch jedes dieser Boote der deutschen Wehrmacht eine Ladung kampfesmutiger Soldaten.

Doch geschah nichts. Wir landeten nach meiner Erinnerung in Ostende unbehelligt, denn der deutsche Einmarsch in Belgien war noch nicht erfolgt. Die Fahrt ging über Holland nach Deutschland. Alle holländischen Bahnen standen im Zeichen der deutschen Mobilmachung und des Rückstromes nach Deutschland. An der deutsch-holländischen Grenze, d. h. beim Betreten deutschen Bodens, ein brausender Ausbruch der Begeisterung. Ich erinnere mich noch genau des strahlenden Gesichtes eines älteren Schaffners mit großem Schnurrbart. Er berichtete uns von großen Siegen, die der alte General Hülsen-Häseler, der wieder aktiv geworden wäre, an der Westgrenze erfochten hätte. Wahrscheinlich war alles übertrieben.

Die Stimmung in Berlin war die gleiche. Teils war es die Entrüstung über die in Sarajewo begangenen Morde. Insbesondere aber war sich von den jetzt in den Krieg ziehenden keiner darüber klar, was ein Krieg bedeutete. Seit 1870 waren 44 Jahre verflossen! Welche Opfer gebracht werden mußten, sieht man immer noch heute, wenn man überlegt, wo der oder jener ehemalige Studienkollege geblieben ist. Gefallen, in den besten Jahren. Daran dachte 1914 kaum einer.

In Berlin stattete ich dem Vorstande der AEG meinen Bericht über die Anordnungen bei der Electrical Co. Ltd. in London ab. Dann machte ich mich auf die Fahrt nach Kiel, das für mich als ehemaligen Marineangehörigen paßmäßig mein Gestellungsort war.

d) Kriegs- und erste Nachkriegszeit

Der erste Weltkrieg brachte für Deutschland, ja für die Welt, eine schwerwiegende Änderung aller Verhältnisse. So auch für mich. Ich selbst war zunächst im Kriege, mein Unternehmen, die Electrical Co. Ltd., London, arbeitete in London unter wechselnden Generalmanagern weiter. Die AEG stand wie ein rocher de bronce in Berlin. Mit den erreichbaren Gliedern im Auslande arbeitete sie weiter. Ich war sozusagen à la suite der AEG. In London-Teddington behielt ich mein Haus für die Dauer des Mietvertrages (drei Jahre), obwohl mein dortiger Haushalt inzwischen aufgelöst worden war. In Deutschland war ich finanziell durch die AEG, wie auch alle anderen am Kriege teilnehmenden Mitarbeiter, gesichert. Mit der Electrical Co. Ltd. in London hatte ich auch während des Krieges über Holland eine gelegentliche Verbindung. Auch ließ ich mich auf Urlaubsreisen ab und zu in Berlin bei der AEG sehen. Für die Fabriken der AEG wird es an Arbeit nicht gefehlt haben.

Der deutsche Zusammenbruch 1918 bedeutete aber für mich, wie für andere Angehörige der Auslandsorganisation der AEG, zunächst einmal ein Ende meiner Zugehörigkeit zur AEG, wenn ich einstweilen auch stellvertretender Direktor des Instituts für Seeverkehr und Weltwirtschaft an der Universität Kiel, später Delegierter des ersteren im Reichswirtschaftsministerium war. An Verbindungen und Angeboten fehlte es mir nicht. Eigentlich war ich erstaunt, wie gut ich bei der AEG angeschrieben war.

Vor allem bemühte sich der Kommerzienrat Mamroth für mich, der auch im engeren Ausschuß des Aufsichtsrates der Universum-Film AG saß, die damals ein großer Konzern war.

Bei ihn besorgte mir Mamroth später ein Angebot, in den Vorstand einzutreten, wo ich für die Auslands-Gesellschaften verantwortlich sein sollte. Indessen dauerte die Realisierung dieses Angebotes zu lange, so daß ich ein anderes annahm.

Eine erneute unmittelbare Verbindung zur AEG ganz anderer Art entstand erst 1946 nach dem zweiten Weltkriege. Inzwischen war ich längst (1930) in die wissenschaftliche Laufbahn übergesiedelt, in dem ich mich 1930 an der Technischen Hochschule zu Berlin für das Gebiet der Betriebswirtschaftslehre habilitierte. 1934 wurde mir aber von den Nazis die Lehrbefugnis entzogen, worauf ich mich zunächst auf meine Tätigkeit im freien Beruf als Wirtschaftsprüfer konzentrierte, die auch im Kriege vielfache Aufgaben und Aufträge brachte.

1945 kam der Zusammenbruch, das Ende des Krieges und des Nazismus. Mit der politischen Revolution begann allmählich der wirtschaftliche Wiederaufbau. Dazu der politische Wiederaufbau. An diesem beteiligte ich mich mit allen Kräften; insbesondere bei der Gründung der Liberal-Demokratischen Partei, deren Vorsitzender ich wurde.

Bei der AEG war nach dem Tode Emil Rathenaus zuerst Geheimrat Deutsch Vorstandsvorsitzender geworden, nach dessen Tode Geheimrat Bücher. Diese hervorragende Persönlichkeit wurde durch eine irrige Einstellung der englischen Besatzungsmacht entfernt. Jetzt erhielt Baurat Spennrath, bis dahin Leiter der Bahnabteilung, die Leitung im Vorstande, während von den alliierten Besatzungsmächten in Berlin das langjährige Vorstandsmitglied der AEG, Dr. Lemke, als Treuhänder eingesetzt wurde.

Jetzt begann man auch den Aufsichtsrat neu zu konstituieren. Damals (1946) trat Dr. Lemke an mich heran mit dem Ersuchen, mich als Mitglied des in der Bildung begriffenen Aufsichtsrates zur Verfügung zu stellen, was ich natürlich gern tat. Vorsitzender des Aufsichtsrates war Dr. Bernheim, der frühere Syndikus der Darmstädter und Nationalbank, ein ausgezeichneter Mann, nach dessen Tod Rechtsanwalt Dr. Lammers. Nach dessen Rücktritt wurde Dr. Ernst, der frühere deutsche Bankenkommissar, Vorsitzender des AR. In all den Jahren von 1946 bis 1960/61 bin ich Mitglied des Aufsichtsrates der AEG gewesen, in den inzwischen Mitglieder der Vorstände aller Großbanken und die Leiter größter Industrieunternehmen hineingewählt worden sind.

Jedenfalls habe ich das seltene Schicksal, daß ich bei der AEG 1905 als junger Ingenieur eingetreten und 1946, in bewegten Zeiten, als Mitglied des Aufsichtsrates zur AEG zurückgelangt bin.

e) Emil Rathenau

Wie ich bereits (S. 85/86) geschildert habe, schulde ich Emil Rathenau persönlich großen Dank, war er es doch, der mich kurz nach meinem Eintritt bei der AEG, damals 23 Jahre alt, mit einer sehr anspruchsvollen Aufgabe betraute und der mich dadurch von vornherein in eine höhere Linie brachte, auf die ich mein Studium zugeschnitten hatte, in die hineinzugelangen aber auch Glückssache war.

Vor allem aber ist Emil Rathenau der Schöpfer der AEG, durch die ich etwas geworden bin, so daß eine solche Persönlichkeit wohl innerhalb meiner Lebenserinnerungen eine Betrachtung rechtfertigt.

Auch Emil Rathenau fiel der Erfolg, die fertige AEG, nicht in den Schoß. Sie war auch nicht die erste Aufgabe, mit der er sich befaßte. Vorher betrieb er eine kleine Maschinenfabrik in der Invalidenstraße in Berlin[9]. Prof. Aloys Riedler, damals wohl die bedeutendste Persönlichkeit unter den Professoren der Technischen Hochschule Berlin-Charlottenburg, den ich später dort als Student erlebte, besuchte, damals wohl noch Student, Rathenau in seiner Fabrik (am Tage der 1871 aus dem Kriege heimkehrenden Truppen), um die dort gebauten Kleindampfmaschinen zu besichtigen. Die Unterhaltung mit Rathenau hinterließ bei dem

[9] Waldemar Koch, Biographien Emil Rathenaus. In: Weltwirtschaftliches Archiv, Oktober 1917, Kiel.

18 Jahre jüngeren Riedler einen lebhaften Eindruck. Diese Fabrik wurde vergrößert und in eine Aktiengesellschaft umgewandelt. Sie scheiterte aber bald an unerfüllten Versprechungen der Geldgeber. R. schied aus der Gesellschaft aus, die liquidiert wurde. Diese Erfahrung hat R. nie vergessen.

R., der wohl über genügende Mittel verfügte, verbrachte nun ein Jahrzehnt damit, sich nach verwertbaren technischen Ideen umzusehen. Auf der Weltausstellung in Paris (1881) lernte er das Edison-Glühlicht kennen, an dessen Zukunft man damals noch nicht so recht glaubte. R. erkannte aber die hier vorhandenen großen Möglichkeiten. Er brachte mit Hilfe von drei Banken (Gebr. Sulzbach, Frankfurt [Main], Jakob Landau und der Nationalbank für Deutschland in Berlin) eine Studiengesellschaft zustande, die eine Option auf die Patente Edisons erwarb und einige Anlagen ausführte. Daraufhin gründete man die spätere AEG, die aber anfangs den Namen Deutsche Edison-Gesellschaft für angewandte Elektrizität trug.

Die Gründung war aber keine einfache Angelegenheit. Rathenau hatte sich anfangs in erster Linie für die Glühlampe interessiert, erst später für die Stromversorgung, d. h. den Bau von Elektrizitätswerken. Hier aber ergab sich ein Wettbewerbsverhältnis zwischen der AEG und der seit Jahrzehnten eingeführten Siemens & Halske. Wohl unter dem Einfluß der Banken und unter dem Druck der bis dahin den Markt beherrschenden Stellung von Siemens & Halske kam man bei der Gründung zu einem Kompromiß. Die neue Edison-Gesellschaft sollte in erster Linie Glühlampen fabrizieren, die beim Bau der Stromzentralen benötigten Dynamomaschinen aber von Siemens & Halske beziehen. Das ergab eine für die Deutsche Edison-Gesellschaft sehr ungünstige Situation, da ihr die Entwicklung weitgehend abgeschnitten war.

Ich fragte Deutsch, der schon im Gründungsstadium (1883) bei einer der gründenden Banken saß, wie man sich zu einem so ungünstigen Vertrag bereitgefunden habe. Deutsch sagte, daß damals Siemens als die einzige Firma der Elektroindustrie, Werner von Siemens als der einzige Mann gegolten habe, dem man die Lösung großer Aufgaben der technisch noch im Werden befindlichen Elektrotechnik, und vor allem sein Geld anvertrauen könne. Gerade das Neuartige der Aufgabe der zu gründenden Gesellschaft machte deren Finanzierung schwierig. Daher die Heranziehung von Siemens & Halske zur Lieferung der von der DEG benötigten Dynamomaschinen von einer gewissen Größe ab.

Nachträglich versuchte die DEG von dem Vertrage mit Siemens loszukommen, einem Wunsche, dem Siemens sich entschieden widersetzte.

Eine Stärke der DEG lag aber schon vorher in der Möglichkeit der Elektrizitätsversorgung Berlins und anderer Städte. Schon 1884, d. h. ein Jahr nach der Gründung der DEG, erwarb sie von der Stadt Berlin eine Konzession für die Errichtung der Berliner Elektrizitätswerke, die sie an eine besondere von ihr gegründete Gesellschaft weitergab, unter anderem gegen deren Verpflichtung, bei einer Kapitalerhöhung die neuen Aktien der DEG jeweils zu pari zu überlassen.

Jahrelang ist um die Lösung der Verträge mit Siemens gerungen worden. Wie mir Deutsch sagte, haben Rathenau und er mehrfach mit ihrem Rücktritt von der Leitung der DEG gedroht. Andererseits hat Werner von Siemens eines Tages Rathenau eine Forderung übermittelt, die indessen nicht zum Austrag kam. Schließlich gelang, zunächst stufenweise, die Lösung der Verbindung zwischen DEG und Siemens, wobei nach meiner Erinnerung Georg von Siemens, damals im Vorstande der Deutschen Bank, gute Dienste geleistet hat.

Von da ab nahm die Deutsche Edison-Gesellschaft für angewandte Elektrizität die Firmierung Allgemeine Elektricitäts-Gesellschaft an. Diese war nun völlig frei, was nicht die Verständigung in Einzelfällen ausschloß.

Indessen ist doch wohl bei E. Rathenau ein Stachel zurückgeblieben, denn etwa 1910, d. h. mehr als 27 Jahre später, warf R. in einem kleinen Kreise die Frage auf, was denn Werner von Siemens eigentlich bedeutendes für die Elektrotechnik getan habe. Das wurde natürlich den großen technischen und unternehmerischen Leistungen von Werner von Siemens nicht gerecht. Im Kreise der zuhörenden Personen blieb alles still. Ich konnte aber wieder den Mund nicht halten und nannte Rathenau nur das von Werner von Siemens gefundene elektrodynamische Prinzip, die Selbstinduktion der Dynamomaschine, die seit ihrer Erfindung nicht mehr fortzudenken ist.

Hier soll aber nicht weiter auf die technische Entwicklung der AEG eingegangen werden. Vielmehr möchte ich auf die Persönlichkeit Emil Rathenaus zu sprechen kommen. Dieser war in preußischer Einfachheit aufgewachsen. Sein Eindruck war der der Schlichtheit, ich kann auch sagen der der Herbheit. Nur einmal habe ich gesehen, daß er ein freundliches Gesicht machte, nämlich als bei einer Sitzung sein Sohn Walther hereinkam, um ihm etwas mitzuteilen. Sprechen tat R. in den Sitzungen sehr wenig, er hörte zu, fragte und fällte Entscheidungen.

Was ich besonders an ihm schätzte, war die äußere Einfachheit und der Fleiß. Neben seiner Tätigkeit als Generaldirektor der AEG war er normalerweise wöchentlich zweimal in dem in Oberschöneweide gelegenen, in rascher Entwicklung begriffenen Kabelwerk Oberspree, um sich dort Bericht erstatten zu lassen und zu dirigieren. Dies habe ich genau miterlebt, insofern ich während der von mir im KWO verbrachten etwa drei Monate in seinem dortigen Zimmer saß, sofern er es nicht benutzte. Daß er wöchentlich eine Sitzung der Bahnabteilung leitete oder doch an ihr teilnahm und sie notfalls entscheidend beeinflußte, erwähnte ich schon (S. 91). Daß bei seiner regelmäßigen Teilnahme am Ausbau des Kabelwerkes Oberspree auch sentimentale Gründe mitwirkten, halte ich für möglich, denn dieser Aufbau war zunächst von seinem Sohn Erich als Direktor betrieben worden, der dort jung starb und in Oberschöneweide begraben ist.

Sonst lehnte R. jede Sentimentalität ab; als ich z. B. den Sohn des plötzlich verstorbenen Direktors der Hannoverschen Straßenbahnen Oberst a. D. Gerdes, welch ersterer schon vorher bei mir tätig gewesen war, wieder einstellen wollte und dies in einer Sitzung erwähnte, worauf der Bmst. Körner zustimmend bemerkte, daß dies auch ein Akt der Pietät sei, erklärte der anwesende Rathenau, daß es im Geschäftsleben keine Pietät gäbe. Das ist natürlich grundsätzlich richtig, aber R. hat sich dann doch meinen sachlichen Gründen der Anstellung auch nicht verschlossen.

Im ganzen aber war er wohl unsozial, auch wenn man berücksichtigt, daß die Zeit um 1906 anders urteilte als die heutige. So hatten damals die Angestellten der AEG um eine Teuerungszulage gebeten. Rathenau lehnte eine solche völlig ab.

Dagegen erklärte er sich einverstanden, wenn Angestellte ohne Innehaltung ihrer vertraglichen Kündigungsfrist auszutreten wünschten. Das war natürlich eine zynische Abfertigung, die ihm und der AEG heute schlecht bekommen würde. Vereinzelt haben Angestellte von diesem Anerbieten Gebrauch gemacht, so mein Konsemester und späterer Chef bei der Compania Alemannia Electrica de Buenos Aires, Dipl.-Ing. Leyser, ein hervorragend tüchtiger Mann, der sofort ein Angebot dieser Gesellschaft annahm.

Auch eine gewisse Herrschsucht konnte man an Rathenau beobachten, vielleicht am meisten gegenüber anderen Vorstandsmitgliedern. Jahrelang hat vom Vorstande der AEG nur Rathenau an den Sitzungen des Aufsichtsrates teilgenommen. 1883 bis 1890 gehörte übrigens ein sehr angesehener Elektroingenieur, Oskar von Miller, dem Vorstande der AEG an, von der er sich dann getrennt hat. Später wurde v. Miller weltbekannt durch die Schöpfung des Deutschen Museums in München. Nach dem Tode von Rathenau hat v. Miller sich in einer Erinnerungsschrift der AEG über Rathenau sehr anerkennend geäußert. „Rathenaus Hauptstärke bildete der klare, weitschauende Blick, mit dem er unter Ausschalten alles nebensächlichen Beiwerkes die Tragweite von Erfindungen erkannte und große Fragen in einfachster und selbstverständlichster Weise durch unermüdliche persönliche Arbeit zu lösen wußte."

Anzuerkennen ist auch die große Sauberkeit in aktienrechtlichen Fragen. Grundsätzlich hat Rathenau niemals Aktien der AEG persönlich besessen. Als er einige Aktien beim Tode seines Sohnes Erich erbte, hat er diese sofort verkauft.

Auf seine Persönlichkeit ist auch Riedler eingegangen, der vielfache persönliche und sachliche Beziehungen zu ihm hatte. Er vermerkt seine rückhaltlose Sprache. Seine Persönlichkeit wies ausgeprägte Gegensätze auf. „Unbegrenzter Optimismus erfüllte Rathenau beim Planen, Pessimismus und schärfster Zweifel bei der Ausführung." „Gelderwerb war ihm persönlich gleichgültig – er hat für andere ungezählte Millionen verdient, sich aber um Mehrung oder nur Verwaltung seines eigenen Besitzes nur nebensächlich gekümmert."

Verständlicherweise weniger objektiv als Riedler ist das, was Walther Rathenau in der Gedächtnisrede gesagt hat, die er, was für einen Sohn etwas ungewöhnlich ist, beim Tode seines Vaters an dessen Bahre gehalten hat. In dieser Rede beschränkte er sich verständlicherweise allein auf den Menschen, da wohl alle Zuhörer Rathenaus Werke kannten. Er sagte, daß sein Vater über die vier Gaben verfügte: „... die höchsten, die der ewige Geist den Menschen spendet, die er liebt, die er mit Leiden segnet und denen aufs Haupt er die Verantwortung der Welt bürde. Einfalt, Wahrheit, Schauen und die Liebe. Seine Liebe zum Menschen war stark, aber sie war nicht sanft; sie war nicht hingebend und sie war nicht weich, aber sie umfaßte den, den sie liebte – – –, und der Mensch, der ihm nahestand, der fühlte die Läuterung seines Atems. Und das stärkste, was starke Liebe wirken kann, das wirkte sie: sie entfachte Liebe. Diese Liebe ist entfacht und glüht in Tausenden von Herzen, und diese Liebe lebt und überlebt ihn."

Das scheint mir leicht oder sogar weit übertrieben. Als ich im Oktober 1917 von Prof. B. Harms gebeten wurde, eine Besprechung der bis dahin erschienenen Biographien Emil Rathenaus[10] zu schreiben, in die ich dann auch die Gedächtnisrede Walther Rathenaus einbezog, sagte ich an dieser Stelle: „Hier bin ich anderer Ansicht. Rathenau konnte wohlwollend sein, selbst gütig oder gar herzlich und auch hilfreich. Liebenswürdig war er jedenfalls im dienstlichen Verkehr nicht, konnte es auch selbstverständlich nicht sein. Wenn man ein Unternehmen von der Größenordnung der AEG aufbaut und leitet, muß man notwendigerweise rücksichtslos in dem Sinne sein, daß alles Unsachliche, Gefühlsmäßige zurücktritt. Das war auch bei Rathenau der Fall. Darüber hinaus schien er mir aber ein Menschenverächter zu sein, der zwar durchaus geneigt war, fremde Meinungen zu hören und diese zu achten, der sich dabei aber fortwährend bewußt war, daß er über den Dingen und Menschen stand." Trotz alledem mußte man ihn bewundern, seine Schärfe, seinen Enthusiasmus, seine kritischen Bemerkungen, sein Vermögen, langatmigen Zahlenangaben zu folgen, seinen unermüdlichen Arbeitsdrang und seine Einfachheit.

f) Walter Rathenau

Sehr anders als Emil Rathenau war sein ältester Sohn, Walther Rathenau. Ursprünglich studierte er Chemie. Im Anschluß ging er zu der Chemischen Werke Bitterfeld AG, die wohl der AEG nahestand. Früh (1899), d. h. mit 32 Jahren, wurde er ein Vorstandsmitglied der AEG. Zweifellos war er sehr intelligent.

Während sein Vater sich aber der Öffentlichkeit gegenüber sehr zurückhielt, war dies bei Walther Rathenau ganz anders. Er schrieb eine Reihe von Büchern, die in der Hauptsache philosophischen und soziologischen Inhaltes waren und die schon insbesondere der Persönlichkeit ihres Verfassers wegen viel Eindruck machten. Wenn ich mich recht erinnere, würde das zuerst erschienene Buch heute wegen der in der Einleitung enthaltenen starken Kritik der Juden erhebliche Angriffe und vielleicht mehr gegen Walther Rathenau auslösen.

Was ich an diesen Schriften bemängelte, war ihre unnötige Kompliziertheit der Darstellung. Wie ich schon damals mehr scherzhaft sagte, besaß W. Rathenau die Gabe, jeden einfachen Gedankengang kompliziert darzustellen. Das gilt aber nur für die philosophischen Werke. Dagegen ist sein Buch „Über das Aktienwesen" durchaus klar und knapp, vor allem richtig geurteilt.

In dem Entwurf einer Einleitung zur Gedächtnisfeier im Juni 1922 von Geheimrat Felix Deutsch, seit dem Tode von Emil Rathenau Vorsitzender des Vorstandes der AEG, der Walter Rathenau wohl genauer kannte als irgendein anderer außerhalb der Familie, heißt es[11]: „Man hat dieser überreichen, in vielfachen Farben schillernden Natur vielfache Fehler vorgeworfen. Man hat Walther Rathenau eitel gescholten. Es ist richtig, er war sich seines Wertes bewußt; daß seine Überlegenheit im Verkehr mit vielen Menschen sehr bald zum Vorschein kam und daß er sich allerdings keine Mühe gab, sie zu verbergen, machte ihn für Viele unbequem. — —"

Das sind ungewöhnliche Bemerkungen für eine Gedächtnisrede, aber man muß

[10] W. Koch, a. a. O., S. 239.
[11] AEG. Zum Gedächtnis an Walther Rathenau, Berlin 1922.

Deutsch dankbar sein, daß er, dessen Urteil wertvoller ist als das aller anderen, sich nicht auf das Positive dieser glänzenden Persönlichkeit beschränkt hat, das er natürlich auch erkennen läßt.

Walther Rathenau war bei allem Selbstbewußtsein empfindlich. Als in der Generalversammlung von einem Aktionär das Wort von der Dynastie Rathenau ausgesprochen wurde, siedelte er zur Berliner Handelsgesellschaft über, um dort in den Kreis der Geschäftsinhaber zu treten.

Recht ungewöhnlich war aber, daß er dann (1912) Aufsichtsratsvorsitzender der AEG wurde, deren Generaldirektor der eigene Vater war. Vielleicht noch mehr ist es Walther Rathenau von vielen Seiten verdacht worden, daß er sich die Bezeichnung „Präsident“ satzungsgemäß zulegen ließ. § 22 (Aufsichtsrat) der Satzung erhielt die folgende Ergänzung: „Werden dem Vorsitzenden bestimmte Geschäfte oder bestimmte Arten von Geschäften zur Erledigung überwiesen (§ 18), so führt er die Bezeichnung: „Präsident der Allgemeinen Elektricitäts-Gesellschaft.“

Ich möchte nicht auf Einzelheiten der schädlichen, hier eingeschlagenen Linie eingehen, die nach 1918 auch in einem Falle (Baurat Jordan, der seit dem Gründungsjahr der AEG, später derem Vorstande angehörte und schließlich für die gesamte Fabrikation der AEG verantwortlich war) zum Rücktritt eines Vorstandsmitgliedes führte, dem das Hineinregieren nicht weiter tragbar war.

Eine Lösung von der AEG ergab sich daraus, daß Walther Rathenau 1921 Reichsminister für Wiederaufbau, 1922 Außenminister wurde. Noch im gleichen Jahre fiel er einem abscheulichen Attentat von rechtsradikaler Hand zum Opfer.

8. Soldat I

Wenn ich meine Soldatenzeit zusammenhängend darstellen will, so muß ich auf weite Zeiträume eingehen, die keineswegs zeitlich zusammenhängen. In ihnen spiegeln sich auch die stark wechselnden Geschicke Deutschlands wider.

a) Das Einjährigenjahr

Als ich jung war, bestand für jeden gesunden jungen Deutschen die allgemeine Militärpflicht. Die Dienstzeit betrug normalerweise drei Jahre. Für den, der eine höhere Schulbildung besaß, die sogenannte mittlere Reife, bestand die Berechtigung, nur ein Jahr zu dienen. Er war dann „Einjähriger“, seine Uniform war durch Litzen gekennzeichnet. Aus ihnen rekrutierten sich auch die Reserveoffiziere. Reserveoffizier sein verlieh sozial ein nicht unerhebliches Ansehen. Die Wahl zum Reserveoffizier erfolgte durch das heimatliche Reserveoffizierkorps. Im ganzen gab es hierdurch sehr unerfreuliche, snobistische Nebenwirkungen. Nach dem verlorenen ersten Weltkrieg entfiel die allgemeine Dienstpflicht und es blieb nur das 100 000-Mann-Heer, das aus Berufssoldaten bestand.

Für mich gab es 1899 noch die Überlegung, ob ich die Laufbahn des aktiven Marine-Ingenieurs einschlagen sollte, die ebenfalls mit der Abdienung des Einjährigenjahres (nach der Praktikantenzeit) begann. Diese Laufbahn leuchtete insbesondere meinem Vater ein. Mir weniger, doch war nichts verloren, wenn ich mein Einjährigenjahr bei der Marine ablegte. So meldete ich mich 1899 mit 18 Jahren bei der II. Werftdivision in Wilhelmshaven. „Werftdivision" ist ein rein historischer Name, und diese II. Division (die I. Werftdivision war in Kiel beheimatet) hatte mit der Kaiserlichen Werft nichts zu tun. Ihre erste Kompanie bestand nur aus Maschinisten-Applikanten, überwiegend aus Einjährigen. Am 1. Oktober 1899 traten mit mir 60 Einjährige an. Das hatte aber den Nachteil, daß der Einjährige hier mit keinerlei Nimbus ausgestattet war. Daß dies zu ärgerlichen Episoden führte, erlebte ich gleich in den ersten Tagen meiner Dienstzeit. In der zweiten Kompanie (Heizer) unserer Division stand ein Sergeant K. F. Grün, der den ominösen Beinamen „der Schrecken der Nordseestation" führte und dies wohl nicht ohne Grund. Dieser uns noch unbekannte „Schrecken", mit dem wir dienstlich nichts zu tun hatten, der aber auf dem gleichen Stockwerk der Kaserne wohnte wie wir, kam gleich anfangs in unser Zimmer, wo wir unsere Uniformen herrichteten, warf ein Paar Stiefel herein, rief „Putzen" und ging wieder hinaus. Der „Schrecken" sah bedrohlich genug aus, doch rührte keiner die Stiefel an. Das wäre jedenfalls gegen meine Einjährigen-Ehre gewesen. Als K. F. Grün nach einer halben Stunde wieder kam und die Stiefel in ihrer schmutzigen Verfassung wiedersah, war er erschüttert. Er fragte mich: „Warum haben Sie die Stiefel nicht geputzt!?" Meine Antwort: „Ich bin hierhergekommen, um Soldat zu werden und nicht Kammerdiener", erschütterte ihn bis ins Mark und er machte sofort Meldung bei dem die Ausbildung leitenden Offizier, Oberleutnant Dieter. Das lange Gespräch konnte ich beobachten, desgleichen die Erregung des „Schreckens", als er sah, daß er hier eine Abfuhr erhielt. Oberleutnant Dieter verlor mir gegenüber kein Wort über die Angelegenheit. Um so empörter war man im Kreise der ausbildenden Infanterieunteroffiziere. Am nächsten Tage wurde ich von meinem Sergeanten Sticken vor versammelter Front als „größter Sozialdemokrat" vorgestellt.

Im ganzen habe ich aber auch in dieser Zeit der infanteristischen Ausbildung nichts ausgestanden. Das Exerzieren in der frischen Oktoberluft war zwar anstrengend und ergab in den ersten Tagen einen gehörigen Muskelkater, außerdem einen ungewöhnlichen Appetit, in je drei Tagen aß ich neben allem übrigen ein volles Kommißbrot! Die Behandlung war aber keineswegs unfreundlich, wenn auch stramm. Aus dem Rahmen bin ich in dieser Zeit nur noch einmal gefallen, als wir die Erlaubnis erhielten, zu einer Theatervorstellung zu gehen, und der Sergeant uns den „Rat" gab, nicht zu gehen, da die Vorstellung schlecht sei. Wahrscheinlich hatte er an dem Abend etwas anderes vor. Ich bestand aber auf meinen Schein und ging als einziger meiner Korporalschaft ins Theater, wobei ich bei einer anderen Korporalschaft untergebracht wurde.

An die infanteristische Ausbildung schloß sich die Ausbildung an Bord des Maschinenschulschiffes „Leipzig" an. Dieses war aber schon mehr ein Museumsstück, das nur im Hafen lag. Am stärksten in Erinnerung ist mir die Rattenplage. Zwischen der hölzernen Verkleidung und der Außenwand wohnten zahllose Ratten. Wenn abends das Kommando „Pfeifen und Lunten aus" gepfiffen wurde, so meldeten sich die Ratten in Scharen, so daß ihr Pfeifen uns am Schlafen hinderte. Sie turnten auch in die Hängematten, die wir statt Betten hatten. Einmal biß mich eine in die Backe.

In diesem Ausbildungsabschnitt habe ich es technisch bis zum gelernten und geprüften Heizer gebracht. Es folgte dann die Ausbildung an Bord eines Panzerschiffes, der „Wörth", die nur fachlich war und sich im Maschinenraum abspielte. Schwierigkeiten bot nur die Hitze und der enge Raum, der einen bald hier, bald dort mit dem Kopf gegen Leitungen, Ventile u. a. stoßen ließ; nicht umsonst mußte man stets eine Mütze tragen. In Ausnahmefällen gab es aber auch größere Risiken. So war auf einem anderen Panzer unserer Klasse durch einen Konstrutionsfehler, Fortlassen eines Bundes, ein Hauptdampfrohr herausgedrückt worden, so daß alle in diesem Raum tätigen Kameraden umkamen, darunter auch ein Bremerhavener. Versöhnlich wirkte sich bei mir, der ich noch jünger war, neben dem Mitgefühl die prächtige Paradeuniform aus, die jeder vom Kommandanten bis zum Heizer bei der Beerdigung anlegen mußte!

Der nächste Ausbildungsabschnitt war wieder an Land und bot Raum zu Spezialausbildungen. Viel Vergnügen machte die Ausbildung als Taucher, die von einem Taucherprahm aus erfolgte. Wir tauchten bis zu 1½ Stunden Dauer und im Jadebusen bis zu etwa 20 m Tiefe. Nicht wenige „Schätze" förderten wir nach oben, die verkauft und in Bier umgesetzt wurden. Traditionsreicher war ein kleines Schild vom Kanonenboot „Eber", das inzwischen vor Samoa wohl zusammen mit mehreren anderen Kriegsschiffen im Taifun untergegangen war und vorher hier im Jadebusen dieses Andenken hinterlassen hatte.

Während meiner Dienstzeit brach in China der Boxeraufstand aus, bei dem der deutsche Gesandte ermordet und das Gesandtenviertel eingeschlossen wurde. Man beschloß die Entsendung eines Expeditionskorps einschließlich einer Flotte, zu der auch das Panzerschiff „Wörth" gehörte, auf dem ich noch vor wenigen Monaten gewesen war. Eines Tages überredete ich drei meiner Kameraden, uns als Freiwillige an dieser Expedition zu beteiligen. Schon am nächsten Tage meldeten wir vier Applikanten uns als Freiwillige. Hemmungen, der Gedanke an Gefahren, Unannehmlichkeiten, Eltern kamen einem gar nicht. Erleben, Romantik ging über alles. Unsere Beteiligung kam übrigens nicht zustande. Wir sollten von vornherein auf zusätzliche 1½ Jahre kapitulieren, während wir uns nur für die Dauer des Krieges verpflichten wollten. Der Leidtragende war zunächst mein Vater, der in Singapore seinen Sohn vergeblich auf der „Wörth" suchte.

Das Einjährigenjahr lief dann ab und im Oktober 1900 bezog ich die Technische Hochschule Berlin-Charlottenburg.

b) Der erste Weltkrieg

Es folgten die vier Studienjahre, die drei Jahre meiner Weltreise, die meiner Tätigkeit bei der AEG Berlin und die in England als Leiter der Electrical Co. Ltd., London. Auf diese Abschnitte bin ich an anderen Stellen eingegangen (S. 85 ff.). Das Schicksal lieferte mich bei Beginn des ersten Weltkrieges im August 1914 in Berlin ab, wo ich mich zunächst bei der Direktion der AEG meldete, um über den

Stand der Dinge bei der Electrical Co. Ltd., London, zu berichten. Dann ging die Reise entsprechend den militärischen Weisungen nach Kiel, die von Berlin bis Kiel mehrere Tage und Nächte dauerte. Auch hier im Eisenbahnabteil großes Geschwätz. Ein Reichstagsabgeordneter und Minister (den der Strom des Lebens nach 1945 ein Amt bei mir suchen ließ), der von den Fehlern der deutschen Regierung berichtete, erzählte auch, daß die deutsche Regierung sich kürzlich die Gelegenheit hätte entgehen lassen, die Londoner „Times“ zu erwerben. Als ob nicht, selbst wenn dies wahr gewesen wäre, die „Times“ ihren Einfluß und ihr Ansehen und damit ihren Wert sofort verloren hätte, wenn eine solche deutsche Beteiligung in England auch nur gerüchtweise bekanntgeworden wäre.

aa) I. Werft-Division, Kiel

Kiel, meine Garnisonstadt, war damals ein summendes Bienenhaus und die halbe Einwohnerschaft unterwegs, um „die englischen Spione“ zu fangen, mit großen Feuerwehrleitern, um auf die Dächer zu gelangen. In England sind mir derartige Episoden nur nachträglich aus der Presse bekanntgeworden. Man kannte den Wohnsitz der etwa 30 deutschen Spione, überwachte sie unauffällig und verhaftete sie bei Kriegsausbruch. Ich wüßte nicht, daß man in Kiel auf den Dächern jemanden gefunden hätte.

Bei meiner Ankunft meldete ich mich nun bei der I. Werft-Division und wurde prompt als Krankenträger für Flandern eingeteilt. Das paßte mir natürlich gar nicht. Am nächsten Morgen, als ich noch in meiner modischen englischen Kleidung etwas auffiel, wurde ich von einem Marinestabsingenieur nach meinen Personalien gefragt. Ich meldete ihm meine Zivilstellung als Direktor der englischen Verkaufsgesellschaft der AEG, dazu meine vorgesehene Verwendung als Krankenträger, daß ich aber nicht freiwillig als solcher gehen würde. Der Mann war vernünftig und kommandierte mich in das Stabsbüro der I. Werft-Division, wo ich gemeinsam mit einem Schicksalsgenossen, dem Dr.-Ing. Schmidt, war, der im späteren Leben wie ich Ordinarius an der Technischen Hochschule in Berlin-Charlottenburg war, Dienst tat. Meine beiden Dr. phil., Dr.-Ing. machten im Büro keinen schlechten Eindruck, hatten aber keinen Einfluß auf meine Tätigkeit im Büro, bei der es sich um Durchführung der Kommandierungen handelte. Bald aber genierte man sich nach außen hin, sich hier mit zwei prominenten Doktoringenieuren dekoriert zu haben und kommandierte uns an Bord, wohin wir ja sachlich auch gehörten.

bb) „SMS Kronprinz“

Ich selbst kam auf das modernste Schlachtschiff „SMS Kronprinz“, das noch auf der Germaniawerft in Kiel der Fertigstellung harrte. Wir, d. h. ein Teil der Besatzung, Ingenieure, Maschinisten und Unteroffiziere, befanden uns tagsüber ständig an Bord, um mit dem Schiff völlig vertraut zu werden und es zu sein, wenn dieses in Dienst gestellt werden und dann die gesamte Besatzung aufnehmen würde. Inzwischen wurde diese Mannschaft in der Kaserne ausgebildet, durch wen, weiß ich nicht. Um so unbehaglicher war es für mich, daß ich die „Vorstellung“ dieser Mannschaften vor dem 1. Offizier des „Kronprinz“, d. h. gewissermaßen die Prüfung vornehmen mußte. Nicht voll zufrieden war dieser mit den von mir gestellten Fragen, die er — mit Recht — für zu schematisch fand. Ich hatte nämlich, damit auch jeder der mir fremden Prüflinge seine Frage richtig beantworten würde, am Nachmittag vorher jedem von ihnen seine Frage nebst Antwort zugeteilt. Dabei hatte ich, da jeder ja im Schiffe Bescheid wissen mußte, u. a. die Spantennummern der einzelnen Abteilungen, das Spantensystem, zugrunde gelegt, das für jeden das allgemeine Orientierungssystem ist; z. B. Abt. c (Kühlmaschinen) Spant 10—16. Jedenfalls muß man sich als Soldat zu helfen wissen. Die Hauptsache war zunächst, daß die Sache zack-zack ging.

Ich gehörte zur Division Elektrotechnik und hatte die Sachgebiete Kohlenwinden und Kühlmaschinen. Kohlen an Bord nehmen war eine seemännische Aufgabe und immer ein Wettrennen zwischen den vier beteiligten seemännischen Divisionen. Ich hatte mit meinen Leuten für den technischen Teil zu sorgen. Einmal geriet einer meiner Leute mit dem Arm in die Drahttrosse. Die Winde war etwas ungewöhnlich konstruiert, indem sie nicht, wie üblich, nach links ausgeschaltet wurde, sondern nach rechts. Der in diesem Augenblick dort stehende Marineingenieur versuchte daher vergeblich die Winde nach links zu stoppen, der Heizer wurde herumgeschleudert, und ehe ich heranspringen konnte war die Hand abgerissen. Jetzt kam mir eine Vorlesung zu Hilfe, „Erste Hilfe bei Unglücksfällen“, die ich während des Studiums an der TH gehabt hatte. Ich kannte aus dieser Vorlesung die Lage der Oberarmarterien und konnte das herausströmende Blut durch Druck auf die Schlagader stoppen, bis der Stabsarzt erschien und den Arm abband.

Der für eine dieser seemännischen Divisionen verantwortliche Seeoffizier war übrigens Graf Luckner, der im späteren Verlauf des Weltkrieges dadurch berühmt wurde, daß er mit seinem „Seeteufel“ die fernsten Meere unsicher machte.

Der Dienst an Bord war dadurch anstrengend, daß man neben den genannten laufend zu betreuenden Stationen noch zweimal täglich je vier Stunden Wache zu schieben hatte, ich jeweils bei den Steuerbord-Diesel-Stromerzeugungsanlagen. Im Grunde genommen konnte man, wenn etwas ernstliches passierte, z. B. ein Kolbenbruch, nichts machen, sondern nur alarmieren. Anstrengend war nur das laute Geräusch dieser Explosionsmotoren und die Raumtemperatur von etwa 50°. Was es aber für strebsame Leute bei der Marine gab, mag man daraus ersehen, daß ein aktiver Obermaschinistenmaat um Mitternacht, wo meine Wache begann, bei mir erschien, um englischen Unterricht zu nehmen. Ich höre heute noch zu jedem Weihnachten von ihm.

Nachdem der „Kronprinz“ fertig ausgerüstet war, mußte er zur Nordseestation d. h. nach Wilhelmshaven überführt werden, wobei einem die strategische Bedeutung des Nord-Ostsee-Kanals klar wurde. Bei Fahrten hatte ich meine Station oben am Schornstein, da ich dann für die Scheinwerfer verantwortlich war. Als wir bei der Überführung im Jadebusen, d. h. in Wilhelmshaven ankamen, explodierte plötzlich in der Nachbarschaft ein Torpedo. Erst als das Kommando kam „Scheinwerfer leuchten!“, konnte man sehen, daß es sich um ein deutsches Torpedoboot handelte.

Von wem es kam, erfuhr man erst später. Ich war zufrieden, daß meine Scheinwerfer in Sekundenschnelle leuchteten und löschte befehlsmäßig gleich wieder, da das Torpedo ja von einem Engländer gekommen sein konnte.

Zu Kämpfen kam der „Kronprinz“, während ich an Bord war, nicht, wohl aber zu Vorstößen in die Nordsee, die wir aber immer leer fanden, so daß wir nicht zum Schuß kamen. Es war aber immer ein spannendes und erhebendes Gefühl, wenn wir losfuhren, jedenfalls bei mir. An der großen Schlacht im Skagerrak war wohl der „Kronprinz“ beteiligt, doch war ich als ältester Maschinistenmaat bereits wieder zurück zur I. Werft-Division kommandiert.

Das Leben an Bord war übrigens etwas eintönig und die Unterbrechungen der Monotonie nicht immer eine reine Freude. Einmal war ich an einem Sonntag an Land gegangen, um die andere Umgebung zu genießen und meinen Freund Balck von der „Brandenburg“ zu treffen. Plötzlich wurden wir von einem uns fremden Seeoffizier (Leutnant Irmler von der „Hela“) angehalten, der die Länge unserer Mützenbänder (SMS Kronprinz) monierte und verlangte, daß wir sofort wieder an Bord führen und uns andere Mützenbänder einzurrten. Uns war nicht bekannt, welche Länge die Mützenbänder haben sollten, wir hatten sie im Laden gekauft. An Bord gehen hätte uns den ganzen Sonntag verdorben, denn wir hätten dann ein Routineboot erwischen müssen, um an Land zu fahren, da der „Kronprinz“ im Jadebusen lag und es eine andere Möglichkeit, wieder an Land zu kommen, nicht gab. Glücklicherweise waren wir beide zusammen Mieter eines ständigen Zimmers an Land. Dorthin begaben wir beide uns für eine halbe Stunde und zogen dann wieder los. Wilhelmshaven hatte aber damals nur wenige Hauptstraßen, und so stießen wir nach wenigen Minuten wieder auf den gleichen I., der mich nun wegen Nichtbefolgung eines gegebenen Befehls schriftlich auf dem „Kronprinz“ zur Meldung brachte. Ich wurde nunmehr bestraft und zwar mit „zwei Stunden an Deck stehen mit der Hängematte“, was mehr von symbolischer Bedeutung war. Ich hatte noch Glück, daß die Angelegenheit erst „zum Rapport“ kam, nachdem der „Kronprinz“ wieder ausgelaufen war, denn sonst hätte ich in der Zwischenzeit kaum Landurlaub bekommen.

Unangenehmer war eine andere Angelegenheit. Meine Frau war mir aus London nachgekommen und wohnte in Spremberg bei ihrer verheirateten Schwester. Natürlich unterhielten wir einen ständigen Briefwechsel, wobei ich ihr durch Skizzen innerhalb der Briefe meine Umgebung an Bord des „Kronprinz“ zu veranschaulichen suchte. Diese Briefe schrieb ich an meiner Back, an der wir aßen, arbeiteten, lasen, d. h. in unserer Freizeit im Kreise der Unteroffiziere lebten. Einer dieser Maate, wie ich später hörte ein Zimmermannsmaat, machte Meldung, daß ich einen lebhaften Briefwechsel mit meiner „englischen“ Frau unterhielte und dieser Mitteilungen über die Konstruktion des „Kronprinz“ mache.

So gelangte die Angelegenheit in die Hände des Gerichtsoffiziers, der mich vorlud und mir die Beschuldigung vorhielt. Er war wohl sofort skeptisch, fragte aber, ob ich ihm die Briefe wiederbeschaffen könne. Das konnte ich bejahen und nach einigen Tagen trafen die Briefe wieder ein, übrigens trotz der inzwischen verhängten Briefsperre unmittelbar bei mir. Ich übergab sie dem Gerichtsoffizier, der sich überzeugte, daß sie subjektiv völlig harmlos waren. Er verlangte nur, daß ich die Skizzen, aus denen mehr herauszulesen war, als ich ahnte, z. B. das vielleicht noch nicht überall bekannte Splitterschott, herausschnitte. Im übrigen gab er alle Briefe frei.

Da vielleicht auch Neid oder Klassenhaß mitgewirkt hatten, so wollte man mich für die Zukunft vor einer derartigen Verfolgung schützen, indem man mich in der Messe der Ingenieur-Aspiranten unterbrachte. Ich lehnte aber ab, da ich dort sein wollte, wo ich hingehörte.

cc) Zurück zur I. Werft-Division

Mein Kommando auf dem „Kronprinz" ging dann ohnehin bald zu Ende, weil ich bei meiner Division der älteste Maschinistenmaat war. So wurde ich zur I. Werft-Division nach Kiel kommandiert, eine an Bord vielbeneidete Versetzung.

Der Dienst in der Kieler Division war sehr viel leichter, aber keineswegs interessant. Ich bemühte mich um alle möglichen Aufgaben, auch um sogenannte Himmelfahrtskommandos. Schon vorher, noch auf dem „Kronprinz" hatte ich mich erboten, nach den USA zu gehen und dort im großen Stile in der Munitionsindustrie eine Sabotage zu organisieren, fand aber bei meinem Kommandanten keine Gegenliebe. So landete ich schließlich als Aufsichtsperson beim landwirtschaftlichen Betrieb der I. Werft-Division. Hier war die Tätigkeit sehr angenehm, in frischer Luft, mit sehr angenehmen Vorgesetzten, allerdings mit einem etwas gefährlichen Volk, dem vieles und alles zuzutrauen war. Ich konnte mir auch eine eigene Wohnung nehmen, die ich mit meiner Frau bewohnte. Im ganzen eine Drohnentätigkeit, aus der ich auf eine unerwartete Weise herausgerissen wurde.

In der Werft-Division wurden, um die Verblödung aufzuhalten, von Zeit zu Zeit Vorträge für die Chargierten gehalten. Ich erbot mich, einen Vortrag über „Faktoren der industriellen Wettbewerbsfähigkeit bei Deutschland und England" zu halten. Daß dieser Vortrag Eindruck machte („Der beste bisher hier gehaltene Vortrag") war weniger wesentlich.

Mir fehlte aber zunächst alles Material für dieses Problem. Jedoch besaß die Universität Kiel das von Prof. Bernhard Harms kurz vor Kriegsausbruch gegründete Institut für Seeverkehr und Weltwirtschaft mit einer Bibliothek, die weltwirtschaftlich ausgerichtet war. Hierhin wandte ich mich, und hier lernte Harms mich kennen. Ein solcher Vogel kam ihm nicht jeden Tag zugeflogen. Kenner vieler Länder und mancher Sprachen, leitender Mann der Wirtschaft, z. Zt. in der Landwirtschaft der Werft-Division beschäftigt. Das erschien ihm eine unökonomische Verwendung, für das Institut aber eine ungewöhnlich gute Möglichkeit.

Sofort schrieb Harms an das Reichsmarineamt und bat um meine Freistellung für die Arbeiten des Instituts. Er konnte es sich dabei aber nicht verkneifen, zu bemerken, daß ich z. Zt. auf dem Kartoffelacker der Werft-Division beschäftigt sei. Wutentbrannt setzte sich nun die Division auf die Hinterbeine und versuchte, mich schlecht zu machen. Wie ich hörte, schrieb man nach oben, daß ich versuche, dem Marinedienst zu entkommen und einen weniger kriegerischen Posten zu bekommen. Da man mich auf dem Divisionsbüro ganz genau kannte, desgleichen auch meine Bemühungen um ein aktiveres Kommando, vor allem aber die Einzelheiten der

Abkommandierung vom „Kronprinz“, die ja über das Divisionsbüro vorgenommen worden war, so kennzeichnete sich das Übelwollen sehr eindeutig. Mehr noch durch die Tatsache, daß, als ich einen der im Divisionsbüro in mittlerer Stellung tätigen Männer auf der Treppe traf, er mir von der Anforderung erzählte. Sie hätten sie selbstverständlich „befürwortend“ weitergegeben!

Jedenfalls wurde ich im November 1915 der Kieler Universität bzw. dem Kgl. Institut für Seeverkehr und Weltwirtschaft in Kiel freigegeben.

9. Kgl. Institut für Seeverkehr und Weltwirtschaft an der Universität Kiel

Im November 1915 trat ich meine Tätigkeit am Institut an. Dieses Institut war erst einige Jahre vorher von Prof. Bernhard Harms gegründet worden. Man kann auch sagen, Harms war das Institut, denn zunächst beruhte fast alles auf seiner Initiative. Harms war auch sonst eine besondere Persönlichkeit. Vor Kiel hatte er den Abbé-Lehrstuhl an der Universität Jena inne. Vorher muß sein Lebenslauf sehr bewegt gewesen sein. Wenn ich mich recht erinnere – ich weiß diese Dinge aus seinem eigenen Munde – so hätte ihn seine Mutter wohl wegen mangelnder Leistungen noch vor Erreichung des „Einjährigen“ aus der Schule genommen und in eine Buchbinderlehre gesteckt. In dieser Laufbahn brachte er es bis zum Werkmeister. Auch erreichte er auf Grund des Künstlerparagraphen doch noch das „Einjährige“. Dann muß er aber rasch Karriere gemacht und wohl alles Erforderliche nachgeliefert haben. Er segelte auch an allen Kollegen insofern vorbei, als er mit knapp 40 Jahren nicht nur längst Ordinarius der Volkswirtschaftslehre war, sondern sogar Geheimer Regierungsrat, wozu ich keinen Parallelfall kenne.

Seine Förderer waren der damalige Staatssekretär und spätere Preußische Finanzminister Popitz (schließlich unter Hitler gehenkt wegen Beteiligung an der Verschwörung gegen Hitler), Prof. Richter, Leiter der Hochschulabteilung im Preußischen Kultusministerium und (auf dem Gebiete der Finanzierung) Hermann Diederichsen, Inhaber einer Kohlengroßhandlung in Kiel und Mitinhaber eines der größten deutschen Kaffeeimportgeschäfte (Theodor Wille, Hamburg).

Harms war eine begabte, charmante, etwas schillernde Persönlichkeit von großer Initiative. Von seinen Fachkollegen etwas kritisiert und beneidet, aber ein Mann, dessen Leistungen ich durchaus anerkenne. Für diese habe ich vielleicht mehr Verständnis als seine Kollegen, weil sie insbesondere auf dem Gebiete der Organisation wissenschaftlicher Arbeit lagen. Seine Großzügigkeit mag man daraus entnehmen, daß er bei meinem Eintritt mir mein Zimmer zeigte, mich zum Leiter der englischen Abteilung ernannte und mich dann meinem Schicksal überließ.

Die produktive Tätigkeit des Instituts bestand u. a. in der Herausgabe einer monatlichen Zeitschrift „Das Weltwirtschaftliche Archiv“, das seitdem ohne Unterbrechung erschienen ist und eine Fülle von Material über weltwirtschaftliche Probleme veröffentlicht hat. Auch hatte man z. Z. meines Eintritts gerade angefangen, länderweise die wirtschaftlichen Vorgänge zu verfolgen. Ferner war ein leidlich umfangreiches Wirtschaftsarchiv vorhanden, das bei wissenschaftlichen Arbeiten aus der Kriegszeit sehr nützlich war.

Von den „Kriegswirtschaftlichen Nachrichten“ waren wohl eine englische und eine französische Nummer soeben erschienen.

Der Finanzierung des Instituts diente die Gesellschaft zur Förderung des Kgl. Institutes für Seeverkehr und Weltwirtschaft an der Universität Kiel, dem zahlreiche deutsche Unternehmen aus Handel, Industrie und Schiffahrt, Behörden usw. angehörten. Für ihre Werbung waren die „Kriegswirtschaftlichen Nachrichten“ ein ausgezeichnetes Mittel oder konnten es jedenfalls sein, wenn sie das brachten, was die Wirtschaft interessierte.

Als ich die ersten Tage nach meinem Eintritt in das Institut dazu benutzt hatte, mir einen Überblick zu verschaffen, suchte ich Harms auf. Ich sagte ihm, daß die „Kriegswirtschaftlichen Nachrichten“ ein sehr gutes Instrument seien, daß sie aber noch nicht den richtigen Inhalt hätten. Sie gaben zwar aus vielen feindlichen Ländern Stimmen der Presse darüber wieder, was die deutschen Firmen auf den dortigen Märkten geleistet hätten, insbesondere wie sie die dortigen Märkte erobert hätten. Alles derartige wüßten aber die deutschen Firmen selbst. Diese wären vielmehr daran interessiert, zu hören, was nunmehr im Auslande vor sich ginge, was mit ihrem Eigentum geschehe, was jetzt auf dem dortigen Markte vor sich ginge, wer ihn erobere und wie. Harms wies mich darauf hin, daß die „Kriegswirtschaftlichen Nachrichten“ von der Wirtschaft sehr gelobt würden. Ich sagte, daß die Firmen sich bald darüber klar werden würden, daß die Nachrichten über die eigene Vergangenheit ihnen nicht viel nützen könnten. Harms sah dies auch ein. Er ließ mir freie Hand.

Ich stellte nun das Institut und insbesondere die „Kriegswirtschaftlichen Nachrichten“ um auf Berichte aus allen feindlichen und den deutschen Firmen unerreichbaren Ländern, über den dort *gegen uns geführten Handelskrieg*. Es wurden Abteilungen für alle Sprachgebiete wie Spanisch, Türkisch, Russisch usw. eingerichtet. Dazu holte ich geeignete Persönlichkeiten heran, die in diesen Ländern als Konsuln, Kaufleute u. a. tätig gewesen waren. Auch das Archiv wurde entsprechend ausgestaltet. Für Sprachgebiete, die noch nicht im Stabe vertreten und nicht zu beschaffen waren, stellte ich junge, schulmäßig gut gebildete Damen ein, mit der Auflage, eine bestimmte Sprache zu lernen.

Ich kann nur sagen, daß ich, dessen Gehirn auf dem Kartoffelacker der Werft-Division sich zu stark ausgeruht hatte und der aus dem Training gekommen war, von der plötzlichen starken Belastung Schwielen im Gehirn bekam. Der Militärdienst war bestimmt leichter.

Auch in Büchern wurde über einzelne Länder oder zusammenfassend berichtet[12].

Das Institut erhielt durch all dieses einen gewaltigen Auftrieb. Der Stab wuchs, und die Räume reichten nicht mehr und bald würden auch die hinzugemieteten nicht ausreichen. So wurde der Grundstein zu einem großen neuen Institutsgebäude gelegt. Ich selbst war schon drei Monate nach meinem Eintritt stellv. Direktor des Instituts

[12] Waldemar Koch, Handelskrieg und Wirtschaftsexpansion, Jena 1917.

geworden, auch hatte ich nicht lange darauf den Roten Adlerorden erhalten. War er auch die IV. Klasse, so war er für einen Zivilisten von 37 Jahren in Kriegszeiten doch eine Rarität.

Zunächst war natürlich alles auf einen siegreichen Krieg zugeschnitten. Für die Friedens- und Wiederaufbauzeit war dann für die Kr. N. ein entsprechend umgestellter Inhalt vorgesehen. Ich habe sogar eine fingierte Nummer der „Weltwirtschaftlichen Nachrichten“ herstellen und drucken lassen, um ein eindeutiges Bild des für die Friedenszeit Geplanten zu geben.

Neben diesen „Kriegswirtschaftlichen Nachrichten“ richtete ich eine genaue Verfolgung der U-Boot-Krieg sein. Wir bekamen ja Zeitschriften usw. aus der ganzen Welt, die Mitteilungen über alle Versenkungen von Schiffen brachten. Auf Grund unserer nautischen Unterlagen konnten wir diese zuverlässig identifizieren. So konnten wir eine präzise Liste aller versenkten Schiffe nach Nationalität und Tonnenzahl u. a. veröffentlichen, die für manche Behörden, Stäbe und Seefahrtsverbände ein brauchbares und einzigartiges Material boten.

Inzwischen ging der Krieg weiter und weiter. Über sein Ende mußte man sich Gedanken machen. Mit diesem war auch die Zukunft des Instituts für Seeverkehr und Weltwirtschaft verknüpft. Die Anregung, ich möchte auch im Frieden bleiben, lehnte ich eindeutig ab. Dazu fühlte ich mich damals innerlich doch zu eng mit der Wirtschaft, insbesondere aber mit der AEG verbunden. Harms mochten auch Zweifel hinsichtlich der deutschen Wirtschaft kommen, die er in einem qualitativ glänzenden und stark besuchten Vortrag im Preußischen Abgeordnetenhaus in Berlin bezüglich der Schiffahrt auch offen aussprach, nachdem ihm Hugenberg nach Kräften die Laune verdorben hatte.

Auch knüpfte Harms mit dem Reichswirtschaftsministerium Verhandlungen über eine gemeinsame Herausgabe der „Wirtschaftsnachrichten“ an, die auch begonnen wurde, indem ich mit einer Anzahl meiner Mitarbeiter in das Reichswirtschaftsministerium übersiedelte, so daß die „Wirtschaftsnachrichten“ teils in Berlin und teils in Kiel (hier einzelne Sprachgebiete) hergestellt wurden. Ich selber saß in Berlin, wo ich auch einen Plan für die Gestaltung des gesamten wirtschaftlichen Nachrichtendienstes des Reiches aufstellte.

Hier erlebte ich den November 1918, die Revolution und den weitgehenden Zusammenbruch aller Dinge, der aber keineswegs soweit ging, wie später 1945. Fast alles war nicht unmittelbar von den Kämpfen berührt worden, war vielmehr physisch erhalten geblieben. In Kiel blieb das Institut unter Harms. Das Reichswirtschaftsministerium in Berlin erhielt einen neuen Minister, den recht sachverständigen August Müller, behielt aber zunächst seinen bisherigen sehr tüchtigen Unterstaatssekretär, der später an die Universität Bonn ging, wo ihm ein juristischer Lehrstuhl übertragen wurde.

Selbst die Planung eines Außenhandelsnachrichtendienstes wurde von dem Ministerialdirektor Schoenebeck weiterbetrieben und später unter der Leitung meines früheren Kieler Mitarbeiters Dr. Wingen konstituiert. Ich selbst lehnte einen Eintritt in die Leitung dieses Instituts ab und stürzte mich nach Ausbruch der Revolution in die Politik, für die ich ein leidenschaftliches Interesse hatte.

10. Politik I - Der Bürgerrat von Groß-Berlin

Ein Wirtschaftswissenschaftler ist ja eo ipso an der Politik interessiert. Am frühesten kommt er als Student durch Besuch politischer Vorträge und Versammlungen mit der inneren Politik in Berührung. Auch wird ein Wirtschaftswissenschafter ja von vornherein auf die Politik gestoßen, zum mindesten auf die Wirtschaftspolitik. Überhaupt sollte jeder Student sich frühzeitig eine politische Meinung bilden. Bei mir beschränkte sich die Teilnahme zunächst auf das Anhören von Vorträgen führender Politiker, wie Singer (SPD), der im Charlottenburger Volkshaus sprach. Als ich einmal im Reichstag den Verhandlungen im Plenum beiwohnte, sprach gerade ein kleiner Mann, mit sächsischem Akzent, wie ich nachher hörte, August Bebel, der führende Mann der SPD. Ihn hörte ich dann später auch in dem von ihm entfesselten Kampf gegen die Revisionisten, wie v. Vollmar, in der Berliner Bockbrauerei in heftigster Polemik.

Auf meinen Auslandsreisen war für eine politische Tätigkeit nicht viel Raum gewesen. In den USA habe ich in Pittsburgh einmal auf einer sozialistischen Versammlung in der Debatte opponiert, doch hat der Sozialismus drüben niemals eine Rolle gespielt. Das gleiche gilt für Argentinien.

In England blieb ich der Politik völlig fern. Ebenso in Kiel und zunächst in Berlin. Das war ja in der Zeit des ersten Weltkrieges.

1914 ff. war es für mich noch ebenso. Der Krieg stand voran, und Kiel war für mich keine echte Heimat. Ganz anders wurde es im Sommer 1918, als ich nach *Berlin* verzog. Unverzüglich wurde ich bei der Demokratischen Partei Mitglied. Das erste war, daß ich zusammen mit Theodor Heuss, dem späteren Präsidenten der Bundesrepublik, 1918 aber noch ein junger Reichstagsabgeordneter (für Schwaben, aber in Berlin wohnhaft), bei einer Nachwahl zum Reichstag in der Berliner Dorotheenstadt die Wahl des freisinnigen Kandidaten, des bekannten Juristen Maximilian Kempner mit Erfolg betrieb. Ich besuchte Wähler, die laut letzter Liste der damals noch offenen Wahlen zum Preußischen Abgeordnetenhaus nicht gewählt hatten, und ermahnte sie, diesmal unbedingt zur Wahl hinzugehen und Kempner zu wählen. Einer von ihnen (aus dem Physikalischen Institut der Universität) war in seinem ganzen Leben noch nicht zur Wahl gewesen!

Ganz neue politische Verhältnisse schaffte die deutsche Revolution vom 8. November 1918. Ihren Ausbruch erlebte ich im Reichswirtschaftsministerium. Einer meiner Mitarbeiter hörte am 8. November 1918, wie Philipp Scheidemann (Vorstandsmitglied der SPD) von einem Fenster des Reichstags aus die Deutsche Republik ausrief, wohl mehr aus der Besorgnis, daß der SPD sonst die KPD zuvorkommen würde. Im Ministerium zerstob am 8. November zunächst alles; ich war wohl ziemlich der einzigste, der an seinem Schreibtisch sitzen blieb. In der folgenden Zeit wurde das Ministerium im einzelnen neu konstituiert. An seine Spitze trat August Müller (SPD), der mich später (im zweiten Weltkrieg) oft besucht hat, bis er bei einem Luftangriff auf Berlin bis aufs letzte Atom verschwand. Unterstaatssekretär wurde bald darauf der Dipl.-Ing. v. Möllendorf, ein Konsemester von mir an der TH, dann Ingenieur im Kabelwerk der AEG, der bei Kriegsausbruch Walther

Rathenau auf das deutsche Problem der Rohstoffknappheit und die Notwendigkeit der Rohstoffbewirtschaftung aufmerksam gemacht hat.

Mich selbst beschäftigte die allgemeine politische Situation sehr stark. Dem Versuch der Kommunisten, durch Bildung eines Arbeiter- und Soldatenrates Berlin zu regieren, versuchte ich Widerstand zu leisten. Ich trat zuerst in Berlin-Wilmersdorf mit gleichentschlossenen Leuten zusammen, dann in Berlin mit Vertretern einer Reihe von Verbänden. In einer Versammlung wurde ein Bürgerrat von Groß-Berlin konstituiert, der aus etwa 12 Mitgliedern bestand, darunter Dr. Köhler, der Geschäftsführer des Hansabundes, Dr. v. Kleefeld (Schwager von Stresemann), Kammerpräsident des Fürsten Hohenlohe, Prof. Walter Reichel von der Technischen Hochschule Berlin-Charlottenburg, früher bei Siemens, Pfarrer Wessel (Vater von Horst Wessel), ich und noch einige andere. In der ersten Sitzung des Vorstandes war nun die Wahl des Vorsitzenden des Bürgerrates erster Punkt der Tagesordnung. Interessiert waren in erster Linie Dr. Köhler und Dr. Kleefeld. Diese beiden einigten sich dahin, mich als 1. Vorsitzenden vorzuschlagen. Nachdem ich dann dem Gremium Auskunft über meinen Werdegang gegeben hatte, und was ich gegenwärtig war (Wirtschaftsministerium), wurde ich zum Vorsitzenden des Bürgerrats von Groß-Berlin gewählt.

Für den letzteren beschaffte ich mir nun Räume in Berlin am Schiffbauerdamm, die eine andere Organisation soeben aufgegeben hatte, ferner einen Stab von Mitarbeitern. Geschäftsführer wurde ein Dr. Bruhn, ein früherer Leiter der Filiale London der AEG, den ich von daher kannte. Er hatte inzwischen in Kiel Wirtschaftswissenschaften studiert, war im Kriege Soldat gewesen und schließlich Hauptmann. Aus seiner holsteinischen Heimat konnte er nun nach Berlin berufen werden. (Hier ist er später Direktor der Auto-Union geworden.)

Nun setzte eine energische Propagandatätigkeit ein, die sich natürlich in erster Linie gegen die Kommunisten richtete. Die schroffe politische Trennung lag einerseits zwischen den Gruppen der Bürgerlichen zuzüglich der Sozialdemokraten, andererseits den Kommunisten. Man darf nicht vergessen, daß bei Kriegsausbruch Wilhelm II. gesagt hatte: „Ich kenne keine Parteien mehr.“ Dadurch war die frühere scharfe Trennung zwischen bürgerlichen Parteien und Sozialdemokraten ja äußerlich zunächst gemildert, doch blieb äußerlich und innerlich eine Trennung. Die KPD blieb in Kampfstellung.

Zwar traten nach November 1918 an die Stelle der bisherigen Reichsregierung die sechs Volksbeauftragten, davon drei Mehrheitssozialisten, darunter Ebert und Scheidemann, und drei Minderheitssozialisten, Haase u. a., die wohl mehr kommunistisch eingestellt waren.

Das erste politische Ziel mußte die Schaffung einer parlamentarischen Regierung sein. Voraussetzung hierfür war die Wahl eines Parlaments. So war die Richtung der Werbung gegeben. Die erste bedeutendste werbende Veranstaltung des Bürgerrates unter meinem Vorsitz (in Uniform) füllte den Zirkus Busch bis auf den letzten Platz. Die Rede hielt der spätere Bundespräsident Theodor Heuss. Nächst dem Inhalt seiner Ausführungen bewunderte ich, wie er mit der Akustik dieses ungeheuren Raumes fertig wurde. Ohne seine Stimme zu überanstrengen, wurde er von jedem verstanden.

Im übrigen galt die Werbung nicht nur der Gewinnung politischer Anhänger, sondern auch der Sammlung von Kapital. Zum Krieg führen gehört nun einmal Geld, Geld, Geld! Auch das gelang. Damals war sich ja jeder bewußt, daß es um einen Kampf um Sein oder Nichtsein ging. Der Kommunismus unter Liebknecht und Rosa Luxemburg kämpfte erbittert gegen die Volksbeauftragten, so daß notgedrungen die bürgerlichen Kreise, voraus der Bürgerrat von Groß-Berlin, sich für die sechs Volksbeauftragten einsetzten.

Eine politische Organisation des Bürgertums fand übrigens in ganz Deutschland statt. Auf den 5. Januar 1919 berief der Bürgerrat von Groß-Berlin als solcher eine erste Tagung nach Berlin ein, die ich am 5. Januar 1919 im Preußischen Abgeordnetenhause eröffnete. Am Vorabend war ein Begrüßungsabend in der Alten Aula der Universität, in der u. a. Friedrich Naumann sprach, der daran erinnerte, daß schon einmal von diesem Hause Fluten der geistigen Erneuerung in das schicksalszerschlagene Preußen ihren Ausgang genommen hatten.

11. Soldat II - Brigade Reinhard

Das eben Geschilderte sah die Dinge vom Standpunkt der Politik. Das Berliner Leben verlief aber nicht nur in Versammlungen, Flugblättern, Plakaten, Verkehrsstreik. Vielmehr war es am deutlichsten gekennzeichnet durch die herumfliegenden Geschosse, durch den Kampf um Gebäude, Behörden, Ministerien, Gerichtsgebäude usw. Es war der noch nicht entschiedene nackte Kampf um die Gewalt. Daran waren beteiligt die ersten zurückkehrenden Truppen, insbesondere das IV. Garderegiment, das einzige, das unter seinem eigenen Oberst, dem Oberst Reinhard, zurückmarschiert war. Ferner kämpften Gruppen von Arbeitern u. a., denen es auf die Macht und die Stützung ihrer in der Regierung sitzenden Führer ankam.

Im Bürgerrat von Groß-Berlin setzte ich mich dafür ein, nicht die Aufstellung einer eigenen Truppe zu versuchen, sondern uns dem einzigen in Berlin bereits vorhandenen Regiment anzuschließen, dem Regiment Reinhard, das insbesondere in den Kasernen des IV. Garderegiments lag. Ich begab mich mit einer Anzahl Mitarbeitern vom Büro des Bürgerrates von Groß-Berlin zu Oberst Reinhard, der bei unserem Erscheinen im ersten Augenblick fast verlegen war über den Zuwachs. Bis dahin hatte er seinen Zustrom aus uniformierten Heimkehrern gehabt. Jetzt kamen eine Anzahl bereits entlassener Offiziere u. a. Aber am nächsten Tage gingen wir an die systematische Arbeit. Die Aufgaben wurden von mir eingeteilt in Beschaffung von Waffen, Uniformen, Unterhaltung, Mannschaften u. a. Ich selbst war der IB, der für die Versorgung jeder Art Zuständige. Der bisherige Geschäftsführer des Bürgerrates, Dr. Richard Bruhn, war nun mein Adjutant. Die Ränge der mir zugeteilten Offiziere reichten bis zu zwei Majoren, auf die ich aber bald verzichten mußte, da sie zwar wichtig, aber zu alt waren.

Nicht ganz einfach war die Frage meines militärischen Ranges. War ich doch nicht Infanterist, sondern stammte von der Marine und war hier schlichter Maschinistenmaat. Dies Problem wurde ganz einfach dadurch gelöst, daß ich im Dienst ständig Zivil trug. Aber das störte gar nicht, wenn man sachlich mit den Dingen fertigzuwerden verstand.

Als erste Aufgabe löste ich die Reinigung des Augiasstalles Justiz. Die Revolution hatte dazu geführt, daß verbrecherische Gesellen die Justiz lahmlegten, die Gerichtsverhandlungen störten usw. Ich ging sofort in das Moabiter Kriminalgericht und erklärte, daß ich dieses Gebäude für das Regiment Reinhard beschlagnahme. Auch verlegte ich meine Diensträume in dieses Kriminalgericht. Für den Gerichtsbetrieb blieb Raum genug. Sofort war das Bild verwandelt. Was diese meine „Beschlagnahme" für eine praktische Tragweite hatte, erkannte ich auch daran, daß mich am Nachmittage eine Deputation besuchte, bestehend aus dem Landgerichtspräsidenten, dem Generalstaatsanwalt und noch einer dritten Spitze. Man bedankte sich für meine „Beschlagnahme"; jetzt konnte man wieder ruhig arbeiten.

Natürlich wirkte sich das Beispiel auch im übrigen Berlin aus, wo ja teilweise noch gekämpft und gedroht wurde. Ich erinnere an die Matrosendivision, die noch eine Weile den Marstall besetzt hielt. Bei einer Gelegenheit wurden 14 rote Matrosen von Leuten des Regiments Reinhard festgenommen und standrechtlich erschossen. Der Offizier, der das Kommando geführt hatte, wurde später vor Gericht gestellt, aber freigesprochen. Das sind so, wie viele andere, die unerfreulichen Seiten einer Revolution. Wenn man mitten darin steckt, so wird nicht allzulange nachgedacht.

Ich selber und mein Stab hatte mit den militärischen Handlungen nichts zu tun. Mir oblag, wie gesagt, das Beschaffungswesen, in erster Linie Mannschaften. Das war insofern nicht schwer, als die Armee sich auflöste und die Mannschaften entlassen wurden, die nun Stellungen oder Unterkommen suchten. Sie mußten aber auf ihre moralische Tauglichkeit untersucht werden, was das Rekrutierungsbüro unter Hauptmann Blank so gut besorgte, daß das Regiment Reinhard sich bald zu einer Brigade Reinhard auswuchs. Dazu halfen auch Plakate und Inserate, die ebenso wie die Aufstellung von Freiwilligenregimentern im übrigen Deutschland weitgehend Nachahmung fanden, so daß im Auslande Besorgnis entstand, ob man in Deutschland etwa zu einem Revanchekrieg rüste. Das war damals aber keineswegs der Fall.

Es kamen aber auch weitere Formationen zurück, so eine unter dem General Lequis, die am Pariser Platz formell namens der Regierung von Ebert durch eine Ansprache begrüßt wurde. Ein bedeutender Redner war Ebert, neben dem ich stand, nicht, so groß sein politisches Können auch war und seine Verdienste um den Wiederaufbau Deutschlands auch sind.

Sehr viel ist auch dem Sozialdemokraten Robert Noske, dem damaligen Reichswehrminister, zu verdanken, vor allem seiner Entschlossenheit. Ich entsinne mich, einen von ihm unterzeichneten Befehl dienstlich gesehen zu haben, wonach in Fällen, wo aus Wohnungen auf Truppen geschossen worden war, sämtliche Männer zu erschießen seien. Nur so waren diese heimtückischen Kämpfe aus dem Hinterhalt zu verhindern.

(Unmittelbar nach dem zweiten Weltkrieg hat Noske, der darauf wartete, nach Hannover gelangen zu können, wo er früher Oberpräsident gewesen war und wo er hoffte, es wieder zu werden, mich sehr oft besucht, doch verpaßte er seine Zeit.)

Zu denen, die Ende 1918 im ganzen halfen, gehörten auch Jugendliche von den Primen der Oberschulen. Sie wurden von mir als Klebekolonnen eingesetzt, die überall Werbeplakate an die Litfaßsäulen klebten. Ein sehr schönes Werbeplakat, einen jugendlichen Freiwilligen aus den Freiheitskriegen, hatte auf meine Bitte der Direktor der Hochschule für Bildende Künste, Professor Artur Kampf, entworfen.

Wieder in anderer Weise haben weite Kreise geholfen, indem sie Geld spendeten, das den Freiwilligen in geeigneter Weise zugute kommen sollte. Meine wohl in der Zeitung geäußerte Bitte fand begeisterte Aufnahme. Ich erinnere mich, daß in einem Falle die Telefonistinnen eines Fernsprechamtes gesammelt hatten und mit der Übersendung auf ein Konto ihrer Freude über die Leistung der Freiwilligenverbände Ausdruck gaben.

Nach einiger Zeit beruhigten sich die Verhältnisse soweit, daß man die Einstellung weiterer Freiwilliger bei der Brigade Reinhard einstellen konnte. Andererseits war ja ganz Deutschland im Brodeln, und man wußte nicht einmal so recht, wen die aufgestellten Freiwilligenverbände eigentlich in ihren Schutz nehmen wollten und gegen wen.

Um im Falle von roten Erhebungen aber nicht alles ab ovo beginnen zu müssen, errichtete ich eine Zeitfreiwilligen-Organisation, die zur Brigade Reinhard gehörte. Ich überzog Berlin, insbesondere den Westen, mit Meldestellen der Brigade Reinhard, wo die Zeitfreiwilligen sich melden konnten und dort aufgefangen wurden. Praktische Bedeutung haben die Zeitfreiwilligen aber nicht bekommen, weil die Verhältnisse sich konsolidierten. Die Brigade Reinhard wurde, wie mein Militärpaß zeigt, schon am 21. März 1919 in die Reichswehr-Brigade (15) überführt. Kommandeur dieser Brigade war aber nicht mehr Oberst Reinhard, sondern General Oven. Oberst a. D. Reinhard traf ich einige Jahre später im Hotel Fürstenhof in Berlin. Damals verkaufte er Kunstdünger. Wieder einige Jahre später wurde er Leiter des Kyffhäuserbundes der Kriegervereine. Noch später wurde er in dieser Stellung SS-Obergruppenführer. Reinhard war ein anständiger Mann, aber das Vermögen dieser Organisation wurde ihr zum Verhängnis.

Als einige Jahre später einmal der heute schon fast vergessene Kapp-Putsch erfolgte, standen auf der einen Seite das Reich unter Ebert und die Reichswehr unter General Seeckt, auf der anderen die Rechtsradikalen. Das Schicksal wollte, daß inzwischen mein späterer Schwiegervater Schiffer Reichsfinanzminister war, ich selbst stellvertretender Direktor der Hauptverwaltung der Reichsbetriebe.

12. In der Wirtschaft

Die Aufgabe, die mir bis 1914 in England oblegen hatte, nämlich die Leitung der Electrical Co. Ltd. hatte sich durch den Krieg und nach seinem Ende durch die schroffe feindselige Haltung der alliierten Völker zunächst restlos erledigt. Auf meine Teilnahme und Tätigkeiten im Kriege waren ganz heterogene Aufgaben gefolgt (stellvertretender Direktor des Instituts für Seeverkehr und Weltwirtschaft, Kiel, Delegierter im Reichswirtschaftsministerium, Berlin, Bürgerrat von Groß-Berlin, IB im Stabe im Regiment Reinhard), die nur alle das eine gemeinsam hatten, daß sie etwa mit Kriegsende ebenfalls ein Ende fanden. Selbst bei der AEG war meine (englische) Aufgabe zu Ende und in Deutschland ein Überfluß an qualifizierten Mitarbeitern.

a) Hauptverwaltung der Reichsbetriebe

Ich hielt es daher für geraten, aufzupassen, wo eine umgekehrte Situation gegeben war, führende Leute für neue Aufgaben gebraucht wurden. Ein solcher Fall war bei den Heereswerkstätten in Berlin usw. gegeben, den Artilleriewerkstätten, den Munitionsfabriken, den Pulverfabriken, den Werften usw. Hier waren allein in Berlin-Spandau mehr als 40 000 Arbeiter beschäftigt, für die Friedensarbeit gefunden werden mußte, aber auch eine wirtschaftliche Form einer neuen Organisation und Produktion.

Die Aufgabe war also eine technische, kaufmännische, soziale und politische. Die Reichswerke, die insbesondere zum Ressort der Wumba (Waffen- und Munitions-Beschaffungsamt) gehört hatten, lagen räumlich in Berlin-Spandau, Kiel, Wilhelmshaven, Dresden, Lippstadt, Erfurt usw. Zunächst wurde in Berlin, Friedrichstraße, eine Hauptverwaltung der Reichsbetriebe errichtet, die vom Reichsschatzministerium ressortierte. Am schwierigsten war die Gewinnung kompetenter führender Leute. Hier war man in erster Linie auf Vertriebene oder provisorische Besetzung angewiesen. Für die technische Leitung der Spandauer Reichswerke gewann man nebenamtlich Prof. Dr.-Ing. Schlesinger von der Technischen Hochschule Berlin, der natürlich hervorragend war. An ihn, der mich 1910 als Dr.-Ing. geprüft hatte, wandte ich mich und wurde auf diese Weise stellvertretender kaufmännischer Direktor der Hauptverwaltung der Reichsbetriebe, übernahm aber speziell die kaufmännische Leitung der Spandauer Reichswerke, den größten Brocken der Reichswerke. Die Stellung als stellvertretendes Vorstandsmitglied der Hauptverwaltung der Reichswerke behielt ich formell bei. Ein weiteres kaufmännisches Vorstandsmitglied, Dr. Katz, war intelligent, doch bestand seine bisherige Praxis, soviel ich weiß, in der Tätigkeit als Sekretär einer Gartenbauschule. Nach Abschluß eines größeren Geschäftes schied er aus der Hauptverwaltung aus und trat bei diesem Kontrahenten ein.

Der größte Versager war der Generaldirektor Dr. W., dessen früherer Posten als Direktor eines Stahlwerkes im Saargebiet ihm verlorengegangen war. Auf ihn kam man jetzt dadurch, daß der Beirat der Hauptverwaltung der Reichswerke in einer Sitzung verabredete, jedes der 20 Mitglieder solle einen geeigneten Generaldirektor vorschlagen. So geschah es. Aber 19 der Angeschriebenen lehnten ab, der Zwanzigste, Dr. W., nahm an.

Als ich, lange nach Konstituierung des Vorstandes, gebeten wurde, einen Organisationsplan für die Gliederung der H.d.R. zu machen, ließ ich in meinem Schema einen Generaldirektor ganz entfallen, mit der schriftlichen Begründung, daß eine solche Position nur Sinn habe, wenn hierfür eine überragende Persönlichkeit vorhanden sei. – Als ich später kündigte, weil m. E. aus einem Staatsbetrieb dieser Art nie etwas Vernünftiges werden würde, und ich mich von Dr. W. verabschiedete, sagte er: „Es ist mir leider nicht gelungen, mir Ihre Freundschaft zu gewinnen!" Natürlich war das ironisch gemeint.

Einige Jahre später bat mich der Reichsschatzminister Dr. Albert zu sich und fragte mich, ob ich für die Reichswerke einen geeigneten Generaldirektor nennen könne. Das konnte ich auf Anhieb tun, nämlich Dr. Henrich, den früheren Generaldirektor der Siemens-Schuckert-Werke, der dort aus rein persönlichen Gründen ausgeschieden war. Dieser ist dann auch Generaldirektor der Hauptverwaltung der Reichsbetriebe, der späteren Deutschen Werke A.G. geworden. Generaldirektor will eben auch gelernt sein!

Schlesinger hatte mir bei Übernahme seines Amtes wohl gesagt, daß er die Aufgabe ehrenamtlich übernehme. Dies nahm ich aber in Anbetracht des erheblichen Umfanges der Aufgabe nicht so wörtlich und überwies ihm nach seinem Austritt 10 000 Mark auf sein Konto. Diesen Betrag wies er aber entrüstet zurück. Man hat ihm seine Selbstlosigkeit in der Nazizeit aber schlecht gelohnt, und Deutschland verlor einen ausgezeichneten Hochschullehrer an die Schweiz. Ich bekam für ihn aber wenigstens einen erfahrenen, erstklassigen Nachfolger, Wolf, den früheren technischen Direktor der NAG (aus dem AEG-Konzern).

Die Spandauer Aufgabe war natürlich unendlich schwer und kaum lösbar. Die Spandauer Werkstätten hatten vielleicht mehr als 40 000 Mann mit der Herstellung von Heeresmaterial verschiedenster Art beschäftigt. Wenn man die Belegschaft auch nur teilweise weiter beschäftigen wollte, statt die Werke stillzulegen, so mußte das Erzeugungsprogramm der Werke auf einen Friedensbedarf umgestellt werden. Natürlich war dies nur nach und nach möglich. Die damaligen politischen Verhältnisse in Berlin habe ich schon gestreift. Das störende Element auch in den Arbeiterfragen war die Kommunistische Partei. So war es für mich bez. für die Einstellungsbüros der einzelnen Werke das Gegebene, sich bei der Auswahl der Einzustellenden der Vertreter der Gewerkschaften in den einzelnen Betrieben zu bedienen, die ja ihre Pappenheimer kannten. So konnten notorische Hetzer ferngehalten werden.

Trotzdem entstanden erhebliche Spannungen. Es schien mir das beste zu sein, mich mit den Betriebsangehörigen offen über die Schwierigkeiten und über die verfolgten Wege zu unterhalten und ihnen einen Einblick in das Geschehen zu geben, damit sie nicht alles blind über sich ergehen zu lassen brauchten. Da man nicht zu 12 000 Männern und Frauen gleichzeitig sprechen konnte, zumal bei der erhitzten Atmosphäre, die in Berlin herrschte, so beraumte ich eine Delegiertenversammlung an, zu der alle Betriebsratsmitglieder, Vertrauensleute der Gewerkschaften usw. eingeladen waren. Mit der Zulassung waren wir aber nicht kleinlich. Mein technischer Kollege hatte in der Versammlung den Vorsitz, ich selbst hielt das Referat, in dem ich auf alle Probleme und Schwierigkeiten einging, ohne etwas zu bemänteln.

Natürlich wurden viele Klagen, Wünsche, Beschwerden usw. vorgebracht, und es ging nicht etwa zu wie im Konfirmandenunterricht. Immerhin hatten wir nachher das Gefühl, daß eine gewisse Entspannung eingetreten war. Dagegen gab es Schwierigkeiten aus ganz anderer Richtung. Alle Berliner Zeitungen brachten Berichte, in denen nun nicht etwa die Einstellung der Werksleitung vertreten wurde.

Vielmehr wurden vor allem die gegebenen Berichte dramatisiert, was ja bei einer Tageszeitung nicht überraschend war.

Überrascht war dagegen die Hauptverwaltung, der ich keine Mitteilung von dieser beabsichtigten Betriebsversammlung gemacht hatte, die ich als eine interne Angelegenheit betrachtet hatte. Solche oberen Instanzen wissen aber grundsätzlich alles besser, sicher hätten sie zunächst den Text meiner Rede und 1000 Änderungen verlangt. Vielleicht wäre die Veranstaltung, die sicher im Interesse des Betriebsklimas lag und auch dringlich war, überhaupt nicht zustande gekommen. So prasselte nun eine Kritik des Oberkommandos auf den armen Frontführer herunter, die mir aber nicht überraschend kam. Die Nähe Spandaus zu Berlin war zu verführerisch. Ich gebe aber zu, daß ich etwas diplomatischer hätte sein können. Das bin ich allerdings in jenen Jahren nicht gewesen und bin es eigentlich noch heute nicht. Dafür aber stand ich meinen Mann in der Frontlinie.

Das zeigte sich u. a. am letzten Tage meiner Tätigkeit in Spandau. Mir wurde in der Hauptverwaltung die *Führung des Vertriebes* aller Reichsbetriebe übertragen, die bis dahin keine Spitze gehabt hatte. Eigentlich hatte ich daher am letzten Tage in Spandau nichts mehr zu tun, doch war vorauszusehen, daß dieser Tag ein sehr kritischer sein würde. Das hing folgendermaßen zusammen. Aus der Kriegszeit her waren noch etwa 600 Schwerbeschädigte da, die nach den gesetzlichen Bestimmungen nicht entlassen werden durften. Sie erschienen, auch wenn sie arbeitsfähig waren, überhaupt nicht zur Arbeit, wohl aber zur Lohnzahlung. Als dies zu meiner Kenntnis kam, gab ich Anweisung, diesen, soweit es sich um Arbeitsfähige handelte, die aber nicht zur Arbeit erschienen, auch keinen Lohn auszuzahlen.

Natürlich waren Unruhen derjenigen zu befürchten, die diese bequeme Einkommensquelle plötzlich verstopft fanden. Ich wandte mich daher am Tage vor der Lohnzahlung an den Kommandeur des in Spandau liegenden Wehrmachtsteiles und bat um Schutz gegen etwaige Gewalthandlungen. Das lehnte dieser jedoch ab, da er hierfür nicht zuständig sei. Darauf verblieb mir noch die Werkpolizei. Diese wies ich an, alle Tore zum Zeitpunkt der Lohnzahlung verschlossen zu halten und sie durch die Werkpolizei zu besetzen.

Was aber geschah am nächsten Tage? Aus Überheblichkeit ließ die Werkpolizei das Tor zu dem Fabrikgelände, auf dem außer großen Werkstätten auch das Direktionsgebäude stand, offen. Ihr stärkster Mann stellte sich in den Eingang und wollte, ein moderner Goliath, allein den Ansturm abwehren. Damit hatte er die Gewalt eines aufrührerischen Menschenstromes stark unterschätzt. Er wurde im Nu überrannt und die Masse Mensch stürmte nun das Direktionsgebäude.

In diesem Bau ließ ich die inneren Türen zum Korridor des Direktionsgeschosses verschließen und arbeitete ruhig an meinem Schreibtisch weiter; desgleichen blieben die Sekretärin und mein Bürodiener im Vorraum, während auf den Korridoren die Stürmer tobten, die die Direktoren suchten. Nach einer Weile kam der Direktionsdiener zu mir und berichtete, daß die Menge im Begriffe sei, meinen Direktionsassistenten Scherbel umzubringen, weil dieser auf der Treppe die Stürmenden mit dem Revolver in der Hand aufzuhalten versucht hatte. Sein Fehler war, daß er wohl gedroht, aber nicht geschossen hatte, so stürzte sich die Menge auf ihn.

Ich bewaffnete mich nun ebenfalls mit einem Revolver, ging durch meine beiden

Vorzimmer und öffnete nun vorsichtig die Tür zum Korridor. Zum Glück befand sich Scherbel gerade vor dieser Tür, aber mehr tot als lebendig in den Händen einer tobenden Rotte von etwa 100 Männern. Von Verteidigern keine Spur.

Ich gab nun einen Schuß nach rechts über die Köpfe der Stürmer hinweg. Er ging zwar wie gezielt in die Wand, doch flüchteten alle Stürmer, die rechts von mir standen. Scherbel war nun am rechten Arm frei, wurde aber noch links festgehalten. Darauf sandte ich einen Schuß nach links über die Köpfe der dort stehenden Angreifer hinweg, der ebenfalls in die Wand ging, aber alle dort linksstehenden nun auch zum Flüchten brachte. Noch aber standen Kämpfende hinter der halb geöffneten Tür verborgen, die Scherbel am linken Arm festhielten. So schoß ich noch einmal nach links, diesmal um die Tür herum. Inzwischen war auch die Werkpolizei tätig geworden; sie schoß jetzt ebenfalls.

Scherbel fiel mir halb bewußtlos genau nach rückwärts in die Arme, ich schloß die Tür zum Korridor zu und zog mich mit Scherbel in mein Arbeitszimmer zurück, wo inzwischen auch mein technischer Kollege war. Dieses Zimmer ließ sich mühelos durch Vorrollen eines Panzerschrankes vor den Eingang von innen verrammeln. Alle Versuche, den Eingang zu erzwingen oder mich über den Fernsprecher zu erreichen, ignorierten wir, bis die Polizei erschienen war und das Gebäude besetzte, aber sich nicht etwa mit Räumen oder Verhaften aufhielt.

Immerhin war inzwischen festgestellt worden, daß einer der Stürmer erschossen worden war. Ich fuhr nach Hause. Vorher rief mir einer der Kommunistenführer noch zu: „Warte nur, Dich holen wir das nächste Mal!" Es gab aber kein nächstes Mal, da ich gerade zur Hauptverwaltung versetzt worden war. Jedenfalls sieht man aus dieser Episode, welche Ansprüche damals 1918/19 an den Leiter eines Industriebetriebes gestellt wurden. Er mußte ein allround-man sein, einmal Organisator, einmal Vortragender, einmal Verteidiger mit der Waffe in der Hand.

Von den Spandauer Werken war ich ja nun ohnehin befreit. Es galt nun die Zentralisierung des Vertriebes bei der Hauptverwaltung. An sich lag mir dieses Gebiet der Organisation des Vertriebes, auf dem ich große Erfahrung hatte, sehr wohl. Indessen war die Aufgabe deshalb nicht leicht, weil die Werke über ganz Deutschland zerstreut lagen. Schon längst waren hier unter dem Drucke der Beschaffung von Aufträgen für die vorhandene Belegschaft jeweils Vertriebsorgane vorhanden, die man, wenn man kein Unheil anrichten wollte, zunächst ihre Tätigkeit fortsetzen lassen mußte. Ich begann damit, die Spandauer Vertriebsabteilungen nach Berlin zur Hauptverwaltung zu transferieren. Hier kannte ich alle Leiter der Verkaufsabteilungen, die ich ja meist selbst ausgewählt und eingesetzt hatte. Auch die Abnehmerschaft, vorwiegend die Berliner Industrie, war mir ja ein vertrauter Begriff.

Als Nebenaufgabe war mir die Oberaufsicht über die drei Sächsischen Reichswerke übertragen. Diese befanden sich sämtlich in der Liquidation. Das größte, die frühere Artillerie-Werkstatt Dresden, war bereits aufgeteilt und weitgehend unterteilt an private Industriebetriebe verpachtet, sicherlich die einfachste, rascheste und beste Methode[13]. Das modernste Werk war Radeberg, das aber kaum in Betrieb gekom-

[13] Waldemar Koch, Der Staat als Unternehmer. Beitrag zur Festschrift für Prof. Otto R. Schnutenhaus, Probleme der Betriebsführung, Berlin 1959.

men war, aus dem aber kräftig Metallbestände, wie Metallprofile, zu gewinnen waren. Nebenbei erhielt ich hier einen Einblick in die Beziehungen des Freistaates Sachsen zum Reiche. Der sächsische Wirtschaftsminister Held, m. W. ein früherer Maurer, erklärte, daß Sachsen das Stiefkind des Deutschen Reiches sei. Persönlich kam ich aber mit allen gut aus. Dresden war sogar für mich ein Lichtblick in der ganzen Hauptverwaltung der Reichsbetriebe. Hier gab es drei Bühnen, nämlich die weltberühmte Dresdner Oper, ferner das Schauspielhaus und schließlich das von Hermine Körner betriebene Theater. Grundsätzlich war ich an jedem Abend, den ich in Dresden verbrachte, in einem dieser Häuser.

Die Hauptverwaltung der Reichsbetriebe in Berlin wurde inzwischen umgegründet in die Deutschen Werke A.G., was an sich zweckmäßig war. Der Betrieb blieb aber etwa der gleiche. Ich war von der ganzen Einstellung so angewidert, daß ich meinen Vertrag kündigte, ohne eine andere Aufgabe zu haben, auf Urlaub ging und nur gelegentliche Aufgaben für die Deutschen Werke A.G. übernahm. So der erwähnte Entwurf eines Organisationsplanes für den Vorstand des Unternehmens. Mein Plan gliederte diesen in vier Ressorts, aber ohne einem dieser vier Vorstandsmitglieder die Stellung eines Vorstandsvorsitzers zu geben. In meiner schriftlichen Begründung des Planes erklärte ich, wie schon erwähnt, daß ein Generaldirektor oder Vorsitzer des Vorstandes „nur dann einen Sinn habe, wenn eine überragende Persönlichkeit vorhanden sei".

b) Deutsche Evaporator A.G.

Diese Gesellschaft trat dann durch eines ihrer Vorstandsmitglieder, Hansen, der das Werk Lüneburg leitete, an mich heran. Ob ich bereit sei, die kaufmännische Leitung des Unternehmens zu übernehmen. Das letztere war insbesondere durch die Zusammensetzung ihres Aufsichtsrates gekennzeichnet. Vorsitzender war Dr. Hjalmar Schacht, damals Vorstandsmitglied der Darmstädter und Nationalbank, später Präsident der Reichsbank. Weitere A.R.-Mitglieder waren u. a. Dr. Stresemann, Mitglied des Reichstages und später Reichskanzler, Dr. Schweighoffer, Mitglied des Vorstandes und der Geschäftsführung des Reichsverbandes der Deutschen Industrie. Das machte natürlich den Eindruck einer guten Klasse.

Wesentlich war aber die Person des Generaldirektors Litwin, eines vor einigen Jahren eingewanderten Russen, dem wohl 95% des Aktienkapitals gehörten und der daher die Gesellschaft völlig beherrschte. Litwin machte den Eindruck eines Mannes, der seine Entschlüsse wohl überlegte und dabei eine gewisse Größe in seinem geschäftlichen Denken zeigte. Ich nahm daher eine Mitgliedschaft im Vorstand an. Dies war aber ein falscher Entschluß. Da man aus Fehlern anderer lernt, so gehe ich hier auf Einzelheiten ein

Das Unternehmen hatte ein Werk in Lüneburg, das u. a. Emaillewaren, wie Badewannen, fertigte. Ein anderes Werk, das in Bayern lag, arbeitete auf dem Gebiet der Keramik. In Brandenburg (Torgelow) war eine Eisengießerei gekauft worden. Wie mir der Vorbesitzer erzählte, war Litwin zwar für die Kaufverhandlungen nach Torgelow gekommen, hatte diese auch im Büro geführt, hatte aber dann das zu kaufende Werk nicht einmal betreten.

Das Hauptgebiet des Unternehmens bestand in der Lieferung von Feuerungsanlagen für Industriebetriebe, aber auch für Zentralheizungen. Es war dies etwa 1922, d. h. in der Zeit der Kohlenknappheit, in der kohlensparende Anlagen sehr wohl abzusetzen waren. Ob eine echte Kohlenersparnis erzielt wurde, war allerdings umstritten und führte zu Auseinandersetzungen mit dem Fachverband.

Ich hatte den Plan, für ältere industrielle Unternehmen moderne Kesselanlagen auf Kredit zu liefern, die Lieferungen Evaporator aber aus den Kohlenersparnissen bezahlt zu machen. Das war eine Methode, die die große Allis-Chalmers Gesellschaft, die ich aus den USA kannte, bei der Lieferung von Dampferzeugungsanlagen mit Erfolg angewandt hatte. Die Evaporator A.G. verfügte auch über sachverständige Mitarbeiter. Indessen besaß sie nicht das hinreichende Kapital.

Verschiedentlich versuchte sie eine Expansion durch Beteiligungen und Fusionen. Eine Fusion mit der Permutit, einer Aktiengesellschaft der Berliner Industrie wurde eigentlich nur auf das persönliche Vertrauen zu mir abgeschlossen, ohne gründliche Prüfung von Aktiven und Passiven, d. h. ohne sich eingehend zu überzeugen, wie eigentlich das Unternehmen aussah, das auch ich selbst erst soeben oberflächlich kennengelernt hatte. Der notarielle Vertrag wurde im Chefbüro der Berliner Handels-Gesellschaft durch einen Notar aufgesetzt. Litwin berief sich, als er mit dem alten Fürstenberg bekanntgemacht wurde, u. a. darauf, daß er zwölf Aufsichtsräten angehöre, worauf der schlagfertige Fürstenberg ihm zurief: „Hüten Sie sich vor dem dreizehnten!"

Ich ging dann einige Wochen auf Urlaub. Bei meiner Rückkehr erfuhr ich, daß in beiden Fällen die Kontrahenten die abgeschlossenen Fusionsverträge inzwischen wegen Irrtums abgelehnt hätten. Das waren aber wohl nur Vorwände. Sicherlich hatte man inzwischen Auskünfte über Litwin und die Evaporator eingezogen und festgestellt, daß man sich durch den glänzenden Aufsichtsrat hatte blenden lassen.

Als Blender hatte sich Litwin zunächst auch glänzend bewährt. Um das laufende Geschäft kümmerte er sich gar nicht. Sein Interesse galt vielmehr ständig den Schwankungen der Devisen, so daß ich ihn durch Schacht in dieser Beziehung bremsen zu lassen versuchte.

Meine Urlaubszeit hatte Litwin übrigens wohl auch benutzt, meine Vertragsverhältnisse zu studieren. Dabei war ihm wohl erst klar geworden, daß ich nach den im Anstellungsvertrage enthaltenen Vereinbarungen auf ein sehr hohes Einkommen gelangen konnte. Ich hatte nämlich nicht nur von der Evaporator außer meinem Gehalt auch einen bestimmten Anteil am Umsatz zu erhalten, sondern auch den gleichen Anteil am Umsatz aller zum Konzern gehörigen Unternehmen.

Die Bedeutung und Auswirkung dieser eindeutigen Vereinbarung war Litwin wohl erst durch die Fusionen klargeworden. Er versuchte nun, sich auf seine Art aus dieser Verpflichtung zu befreien, indem er die Belegschaft durch einen Oberingenieur, der erst vor kurzem auf meine Veranlassung von Köln nach Berlin versetzt worden war, bearbeiten ließ, damit sie eine Beschwerde über mich unterzeichneten, ich sei zu streng. Litwin möge mich daher gehen lassen. Einige unterzeichneten dies unter Druck, andere lehnten die Unterzeichnung ab.

Litwin gab mir bei der Rückkehr von der Reise ein ganz anderes Bild und stellte die Beschwerde als spontan von der Belegschaft ausgehend hin. Er nahm auch nicht eigentlich dazu Stellung, sondern beurlaubte mich nur, damit sich der Sturm im Wasserglase inzwischen verlaufen könne. Erst später erfuhr ich zufällig von einem inzwischen ausgeschiedenen Direktor den genauen Zusammenhang.

Schon vorher hatte ich mich an Schacht als Vorsitzenden des Aufsichtsrates gewandt, damit dieser interveniere, doch erklärte dieser: „Wo ich mit meinem Herzen bin, brauche ich Ihnen nicht erst zu sagen", doch vermöge er nichts zu unternehmen. Auch zu meiner Erklärung, daß sich das Geschäft der Evaporator weitgehend auf gezahlte Bestechungen aufbaue, vermied er eine sachliche Stellungnahme, indem er erklärte, „er könne sich dies nicht denken".

Ich habe dann wegen meiner Ansprüche einen Prozeß gegen die Evaporator angestrengt, der durch einen Vergleich beendet wurde, der meinem Anspruch mehr oder minder nachgab, während ich naturgemäß aus dem Vorstand der Evaporator ausschied. Diese ganze Episode schildere ich hier nur, um zu zeigen, daß es nicht nur darauf ankommt, hieb- und stichfeste Verträge mit wirtschaftlich sicheren Kontrahenten zu schließen. Viel wichtiger ist es, daß man mit anständigen Leuten zu tun hat. Gegen Betrügereien kann man sich nicht genügend schützen. Auch angesehene Namen im Aufsichtsrat schützen nicht. Stresemann habe ich in diesem Aufsichtsrat nur einmal erlebt, als er zum Punkt AR-Tantieme sprach.

Von der Evaporator A.G. habe ich später weitgehend in den Zeitungen gelegentlich ausführlicher Berichte über einen Prozeß eines damaligen oder ehemaligen kaufmännischen Vorstandsmitgliedes Müller gegen die Gesellschaft gelesen, der keinen guten Eindruck machte. Inzwischen dürfte die Gesellschaft seit langem vom Erdboden verschwunden sein.

c) Kahn-Konzern

Inzwischen kam 1923 der Schluß der Inflation. In einer solchen Zeit ist es immer geraten, festen Boden unter den Füßen zu haben. So folgte ich dem Rate des (1962 verstorbenen) Oskar Leroi, eines mir als geradlinig, sachverständig und verträglich bekannten früheren Direktors der belgischen Verkaufsgesellschaft der AEG, damals Vorstandsmitglied der Richard Kahn AG., dort für einige Zeit, in der er in der Türkei war, die Leitung zu übernehmen und dann dauernd dem Vorstande anzugehören.

Zu dem Konzern gehörten die Allgemeine Werkzeug-Maschinen AG., die Stock-Motorpflug AG., die Riebe-Kugellager AG., die Richard Kahn AG., die Perkeo-Schaumlösch AG., die Schnellpressenfabrik AG., Heidelberg, eine Bank (Bankgeschäft Richard Löwenherz), und vielleicht noch einige mehr. Sie alle waren in der Richard Kahn OH. zusammengefaßt. Leiter und Inhaber des Unternehmens war Richard Kahn, ein verhältnismäßig junger Mann, der aus dem Werkzeugmaschinenhandel stammte, intelligent, fleißig, unternehmend, aber nicht hinreichend vorsichtig war. Einer der Direktoren der Allgemeinen Werkzeug-Maschinen AG. erzählte mir, daß er bei dieser Gesellschaft in eineinhalb Jahren 14 Vorstandsmitglieder erlebt habe!

Die *Richard Kahn AG.* war eine Vertriebsgesellschaft, die für die verschiedenen Konzerngesellschaften insbesondere den Export besorgte. U. a. hatte sie auch eine Niederlassung in Moskau. Dieses Geschäft war aber schwierig. So kam, während deren Leiter auf Urlaub in Berlin war, die Nachricht, daß sein Stellvertreter in Moskau verhaftet worden sei. Das Geschäft nach der Türkei wurde gerade aufgebaut. Nach Japan usw. wurde laufend gearbeitet.

Nach meinem Eintritt wurde die *Stock-Motorrad AG.* gegründet, deren Vorstand ebenfalls von Leroi und mir gebildet wurde, das Geschäft aber praktisch von mir geführt wurde. Diese Gesellschaft vertrieb ein Klein-Motorrad, das von der Stock-Motorpflug fabriziert wurde. Das Geschäft entwickelte sich glänzend; in Berlin war damals wohl jedes dritte Motorrad ein Stockrad. In den deutschen Großstädten bestanden Generalvertretungen. Ich selbst war Vorsitzender des Verbandes deutscher Motorradindustrieller.

Eine dritte Gesellschaft, deren Leitung Leroi und mir unerwartet anheimfiel, war die Perkeo-Schaumlösch AG. Dieses Unternehmen war Eigentümerin eines Patentes, wonach dem Löschwasser, wie es z. B. vom Hydranten kam, ein Stoff zugesetzt wurde, der aus dem Wasser Schaum machte, der das brennende Material von der Luft abschloß und dadurch den Brand zuverlässig und rasch löschte. Die Leitung lag ursprünglich in Händen eines sachverständigen Technikers sowie eines etwas zu gewandten Kaufmannes. Das Kapital war jedenfalls unzureichend. Dem half der Kaufmann ab, indem er Untergesellschaften für den Vertrieb in den einzelnen deutschen Bezirken errichtete. Diese ließ er Wechsel auf ein zentrales Konto des Vorstandsmitgliedes ziehen, dem zur Einlösung der Erlös aus der Diskontierung der Wechsel zufließen sollte. Ein kunstvolles Gebilde auf ganz schwachen Füßen, bei dem sich der drohende Zusammenbruch bald bemerkbar machte. Daraufhin wurde das kaufmännische Vorstandsmitglied, das sich übrigens nicht an den Geldern vergriffen hatte, fristlos entlassen, und nunmehr Leroi und ich als Vorstand eingesetzt. Die finanzielle Gefahr wurde nunmehr gebannt, doch war die Gesellschaft noch immer nicht genügend finanzstark für das von ihr betriebene Geschäft. In gewissem Sinne hatte das letztere zwei Arbeitsgebiete. Das erste war das Geschäft in kleinen Löschapparaten nach Art der Minimax-Löscher, das zweite das in Schaumlöschanlagen für Tankanlagen usw. Um das erstere zu betreiben, hätte man, wie dies Minimax u. a. getan hatten, viel Geld, sagen wir eine Million Mark, in die Werbung stecken müssen, um Nachfrage oder mindestens Kaufneigung zu schaffen. Diese Million fehlte aber und war auch nicht zu beschaffen. Die richtige Konsequenz wäre daher gewesen, diesen Zweig stillzulegen.

Das Geschäft in *Schaumlöschanlagen* sah ganz anders aus. Dieses hatte nur einen begrenzten Interessentenkreis, nämlich große Tankanlagen der Benzin-Konzerne, der zentral bearbeitet werden konnte, und für den dies technisch sehr interessant war. Diese Konsequenzen wurden aber nicht gezogen.

Meine Trennung vom Kahn-Konzern erfolgte im Zusammenhang damit, daß der ganze Konzern von seinem Zentrum her infolge einer übertriebenen Ausweitung, z. B. die Aufnahme der Fabrikation von Automobilen, zusammenbrach. Daß die Stock-Motorrad AG. mit ihrem sehr gut gehenden Geschäft in diesen Zusammenbruch hineingezogen wurde, hing damit zusammen, daß mein Kollege Leroi und noch ein Dritter sich von Herrn Richard Kahn hatten bewegen lassen, zugunsten anderer Konzerngesellschaften wechselmäßige Haftungen einzugehen. Dies war hinter meinem Rücken geschehen, möglicherweise während ich auf Sommerurlaub war. Als ich vom Urlaub zurückkam und vom Schlafwagen ins Büro ging, fragte mein Kollege

Leroi mich, ob ich nicht zu Hause einen Brief des Aufsichtsrates vorgefunden hätte, der mich beurlaube. Von finanziellen Schwierigkeiten und von den Wechseln immer noch kein Wort. Ich stellte dann Kahn und verlangte zu wissen, warum ich beurlaubt worden sei. Er sagte, daß in der nächsten Zeit Dinge vor sich gehen würden, die mir nicht gefallen würden!

Es kam dann der öffentliche Zusammenbruch des Konzerns, der eine Reihe gutgehender Gesellschaften, die über ihre Kräfte hinausgegangen waren, jedenfalls diejenigen, die Gefälligkeitswechsel unterschrieben hatten, in den Zusammenbruch hineinzog.

Materiell traf mich der Zusammenbruch der Stock-Motorrad usw. nicht, da meine Ansprüche aus meinen über drei Jahre laufenden Vorstandsverträgen ja bevorrechtigte Forderungen waren. Einzelne Konzernmitglieder waren klug genug gewesen, solche Wechselunterschriften abzulehnen. Das Vorstandsmitglied einer der Gesellschaften sagte: „Ich habe immer noch mehr Angst vor dem Staatsanwalt als vor Herrn Kahn."

Nachzuholen ist noch, daß gegen die Perkeo seitens der Minimax-Gesellschaft ein Prozeß wegen der Gültigkeit der Schaumlöschpatente schwebte, welch letztere für die Minimax störend oder begehrenswert waren. In diesem Zusammenhang hatten wir zur Demonstration der Wirkung eine Vorführung gemacht, bei der in Weißensee eine offene Grube mit Benzin gefüllt, dann angezündet und durch eine einlaufende Schaumschicht, die vom Hydranten über einen Stankö-Apparat geliefert wurde, langsam aber zuverlässig gelöscht wurde. — Bemerkenswert war nur die Rückfahrt. Ich fuhr (nicht am Steuer) in unserem Wagen über ein unbebautes Straßengelände, das anscheinend übersichtlich war. Indessen waren die Grundstücke mit niedrigen Zäunen eingefaßt, die die Übersicht verhinderten. So stießen wir an einer Straßenkreuzung mit einem Personenkraftwagen heftig zusammen, wobei wir den anderen vollbesetzten Wagen völlig umwarfen.

Als wir ihn aufrichteten, kamen zum Vorschein 1. der Direktor der Minimax, 2. der Leiter der Patentabteilung der Minimax, 3. der Anwalt der Minimax im Patentprozeß I. Instanz, 4. der Anwalt der Minimax in der II. Instanz. Die Verletzungen waren z. T. schwer. Der Minimax-Direktor hat seine Tätigkeit nicht wieder aufnehmen können. Ich selber, der ich neben dem Chauffeur saß, war gegen das Spritzblech geflogen und hatte eine anscheinend leichte Verletzung an der Kniescheibe, die sich erst viel später wesentlich ausgewirkt hat. Glücklicherweise bin ich Kopfarbeiter.

d) Zwischen vier Stühle gesetzt

Das Ausscheiden aus den Vorständen der verschiedenen Gesellschaften des Kahn-Konzerns ergab sich für mich automatisch materiell aus deren Zahlungseinstellung. An anderen Möglichkeiten fehlte es mir nicht. Von dem Aufsichtsrat der bekannten Lederbearbeitungsmaschinenfabrik Moenus AG, Frankfurt, hatte ich bereits einen unterzeichneten Anstellungsvertrag als Vorstandsmitglied. Ein anderes Angebot, das mir Herr von Stauss, Vorstandsmitglied der Deutschen Bank, auf Eintritt in den Vorstand des Bayerischen Lloyd, einer Donau-Schiffahrtsgesellschaft, machte, interessierte mich nicht sehr. Ebensowenig ein Vorstandsposten bei der Neumeyer AG in Nürnberg. Dagegen war ich sehr interessiert an einem Angebot, das mir ebenfalls Dr. von Stauss auf Anregung von Kommerzienrat Mamroth (AEG) machte. Hier handelte es sich um einen Sitz im Vorstand der Ufa, damals Weltunternehmen der Filmindustrie. Dieses war im ersten Weltkriege unter Mitwirkung des Deutschen Reiches aus Gründen der politischen Propaganda gegründet worden. Es erzeugte Filme, betrieb eine Reihe großer Filmtheater im Inlande und im Auslande, ferner die Fabrikation von Filmapparaten. Das Unternehmen war somit sehr kompliziert und schwer zu übersehen. Auch für das Auslandsgeschäft war schon ein Vorstandsmitglied vorhanden, das akquisitorisch gut war, weniger zuverlässig in der Durchziehung der Transaktionen.

Mir war nun die sehr interessante Aufgabe zugedacht, in den verschiedenen Ländern des Auslandes die erworbenen Objekte solide aufzubauen und zu betreuen. Von den für die Wahl zuständigen vier Mitgliedern des Aufsichtsratsausschusses der Ufa kannten mich drei, Jakob Goldschmidt (Darmstädter Bank), Mamroth (AEG), v. Stauss (Deutsche Bank) recht gut, so daß die Aussichten recht gut waren. In der Tat wurde ich vom Ausschuß in den Vorstand gewählt. Als Begrüßung gaben Aufsichtsrat und Vorstand mir ein Frühstück bei Hiller, welch üppiges und berühmtes Lokal ich weder vorher noch nachher wieder betreten habe.

Inzwischen schwebte bei der Ufa auch die Beteiligung einer der führenden amerikanischen Filmkonzerne, die sich auch verdichtete. Immerhin zog sich der Abschluß des Vertrages zwischen den beiden Unternehmen noch hin. Schließlich bat mich v. Stauss aber zu sich, um nun den Anstellungsvertrag zu formulieren und abzuschließen. Während wir so beschäftigt waren, kam ein anderes Vorstandsmitglied der Deutschen Bank hereingestürzt, um zu berichten, daß die Amerikaner gebeten hätten, doch im Vorstande keine Änderungen vorzunehmen, bis der Vertrag zwischen den beiden Unternehmen unterzeichnet wäre.

Also eine Stockung für eine nicht übersehbare Zeit! Das zeigte auch der weitere Verlauf. Schließlich wollte ich nicht länger warten und schloß anderweitig (mit Lanz) ab. Ich hatte es also fertiggebracht, mich zwischen vier Stühle zu setzen, was ich hier berichte, um andere zu warnen, daß man auch die Möglichkeit des Schiefgehens bis zur Unterzeichnung des Vertrages im Auge behalten muß. Allerdings konnte ich mich später damit trösten, daß im Laufe der Entwicklung die Ufa ihren Glanz verlor und wohl auch alle Vorstandsmitglieder. Auch hier waren die finanziellen Mittel und Finanzierungsmöglichkeiten der zu starken Entwicklung nicht gewachsen und man mußte z. B. sogar die Vollendung von Filmen abbrechen, die bereits weit gediehen waren. Nach dem zweiten Weltkrieg vollendete sich der Zusammenbruch; 1962 wurde die Liquidation der restlichen Ufa beschlossen.

e) Lanz

Von diesem Konzern entstand zuerst die Firma Heinrich Lanz, Mannheim, die einer der bedeutendsten Erzeuger für Dreschmaschinen und Ackerschlepper Deutschlands wurde. Nach dem Tode von Heinrich Lanz, der eine bedeutende Persönlichkeit war, ging das Eigentum an vier Kinder über, die aber alle, soweit es Frauen waren, in ähnlichem Stile weiterleben wollten, dabei aber z. T. auf das Einkommen aus der Firma H. Lanz angewiesen waren. Der nächste Schritt war die Umwandlung von Heinrich Lanz in eine Aktiengesellschaft, von der aber bald Beteiligungen an die Deutsche Bank übergingen. Sehr viel später (1958/59) ergab sich sogar die Notwendigkeit der beherrschenden Beteiligung und Heranziehung amerikanischen Kapitals. Seitdem firmiert die Gesellschaft Deer Lanz AG.

Ich selbst war nicht in der Leitung der Heinrich Lanz AG. Vielmehr war der persönlich haftende Gesellschafter der *Schwarzwaldwerke Lanz KG,* nämlich Ernst Röchling, ein Enkel von Heinrich Lanz, an mich herangetreten, um die kaufmännische Leitung, praktisch die Oberleitung dieser Gesellschaft zu übernehmen. Das Kapital dieser Gesellschaft lag ebenfalls bei den Kindern von Heinrich Lanz, von denen Dr. Karl Lanz schon vor Jahren verstorben war. Die persönliche Haftung lag formal bei Ernst Röchling, die Geschäftsführung in kaufmännischen Dingen bei mir, in konstruktiven Dingen bei einem Technischen Direktor.

Mißlich war, daß die Gesellschafter sich nicht gut miteinander standen, wozu die Tatsache beitrug, daß die Gesellschaft seit Jahr und Tag ohne Gewinn arbeitete. Das hatte u. a. zur Folge, daß mehrere Töchter sich in allen Gesellschafter-Versammlungen durch Rechtsanwälte vertreten ließen, desgleichen in der Korrespondenz, was den Geschäftsverkehr mit den Gesellschaftern komplizierte und die Herbeiführung von Beschlüssen schwerfällig machte. Nur mit Dr. Ernst Röchling gab es einen sehr angenehmen Verkehr. Seine eigentliche Tätigkeit war aber die Zugehörigkeit zum Vorstand der Heinrich Lanz AG.

Die Fabrikation wie auch die Geschäftsführung der Schwarzwaldwerke Lanz KG lag in Mannheim. Ein weiteres Werk lag in Vörenbach im Schwarzwald; ein Verwaltungsgebäude hatte sich ein zunächst pensionierter und dann verstorbener kaufmännischer Direktor in Donaueschingen gebaut. Das letztere habe ich, um Betriebsmittel zu schaffen, an den Caritas-Verband verkauft.

Das Fabrikationsgebiet, das ich vorfand, war in erster Linie die Erzeugung von *Milchzentrifugen.* Davon gingen die großen an Molkereien, die kleinen an Landwirte und zwar über Händler landwirtschaftlicher Maschinen. Eine von mir angeknüpfte Geschäftsverbindung galt einer großen Fabrik landwirtschaftlicher Maschinen in den USA. Diese übernahm den Vertrieb einer vollständigen Serie von Kleinzentrifugen in den USA. Das bedeutete natürlich eine erfreuliche Steigerung des Umsatzes.

Ein anderer Geschäftszweig war die Erzeugung von *Kompressoren,* die an deutsche Spezialfirmen für Kühlanlagen, aber auch im Auslande abgesetzt wurden. Eine japanische Firma, die jahrelang von den Schwarzwaldwerken Kompressoren bezogen hatte, wollte offenbar feststellen, ob sie anderswo günstiger kaufen könne. Leider tat sie die schriftliche Anfrage in einen an uns gerichteten Briefumschlag, so daß wir sie zurückgehen ließen.

Uns mußte daran liegen, den Umsatz zu erweitern, um die Geschäftsunkosten auf eine breitere Basis verteilen zu können. Das wäre besonders günstig gewesen, wenn ein solcher Umsatz an einen Absatzkreis gehen würde, den wir ohnehin belieferten. Dazu wählte ich *Fahrräder.* Diese wurden über Mechaniker-Händler abgesetzt, über die ohnehin schon die Milchzentrifugen vertrieben wurden, wozu ein Stab von Reisenden dauernd unterwegs war. Die Fabrikation dieser Fahrräder war denkbar einfach, da man alle benötigten Einzelteile von Teilefabriken kaufen konnte und sie nur noch zu montieren brauchte. Auch ersparte der so bekannte Name Lanz eine kostspielige Werbung.

Um diese Zeit begann auch in Deutschland der Vertrieb auf Teilzahlung, oder wie man damals sagte, auf Abzahlung. Die Technik dieses Geschäftes war in Deutschland noch kaum bekannt, so daß die Erfahrungen fehlten. Ich lud daher die wenigen Konkurrenten zu mir nach Mannheim ein, damit wir uns freimütig über unsere Erfahrungen und die geeigneten Konditionen aussprachen. Diese Aussprache kam auch zustande und erwies sich als sehr fruchtbar.

In gleicher Richtung lag die Aufnahme des Vertriebes von *Nähmaschinen,* die wir allerdings nicht fabrizieren konnten. Vielmehr kauften wir sie fertig von einer erstklassigen Nähmaschinenfabrik, aber mit der Marke Lanz. Auch sie gingen an den gleichen Händlerkreis.

Auf diese Weise schaffte ich es, den Jahresumsatz etwa zu verdreifachen und seit Jahren zum ersten Male einen Jahresgewinn auszuweisen, den ich zur Erhöhung des Gesellschaftskapitales verwendete.

Nebenbei gelang es mir, bei der einzigen badischen Technischen Hochschule in Karlsruhe die Verleihung des Dr.-Ing. ehrenhalber an Dipl.-Ing. Ernst Röchling anzuregen. Die dortige Fakultät und der Senat beschlossen entsprechend. Die feierliche Überreichung des Dr.-Ing.-Diplomes fand in meiner Mannheimer Wohnung anläßlich einer Gesellschaft statt, zu der ich Rektor, Dekan und ein weiteres Fakultätsmitglied der TH-Karlsruhe, ferner alle Mitglieder des Vorstandes der Heinrich Lanz AG mit ihren Frauen eingeladen hatte. Von Lanz wußte niemand, auch nicht Röchling selbst, um was und um wen es sich handelte. Nur ein Vorstandsmitglied von Lanz mußte ich einweihen, weil immer der eine oder andere auf Dienstreisen war, und es daher nicht ohne weiteres möglich war, einen Tag zu wählen, wo alle in Mannheim waren.

Eine gewisse Betonung wurde dadurch gegeben, daß Frack vorgeschrieben wurde. Aber selbst als die drei Professoren in Talaren bzw. mit Doktorkette hereinkamen, wußte Röchling, wie er mir später sagte, nicht, ob die Ehrung ihm oder mir galt. Um so größter war die Überraschung. Ich habe weder vorher noch nachher einen so mit Freude geladenen Raum erlebt, die bis zwei oder drei Uhr nachts ausgekostet wurde.

Die Verdreifachung des Umsatzes hatte so viel zusätzliches Betriebskapital bedingt, daß dieses auf die Dauer nicht zur Finanzierung ausreichte, zumal infolge der beginnenden Wirtschaftskrise die Außenstände schlecht eingingen. So blieb mir nichts übrig, als den Geschäftsumfang wieder zu verkleinern.

Die Rechtsform der Firma hatten wir inzwischen bereits geändert, indem wir neben der Kommanditgesellschaft eine G.m.b.H. errichteten, deren Eigentümer die erstere, die KG, war. Der Geschäftsbetrieb, Einkauf, Fabrikation und Vertrieb lag dagegen bei der G.m.b.H. Auf diese Weise wurden die Mitglieder der Familie Lanz von dem unbegrenzten Risiko befreit.

Gleichzeitig senkte ich die Kosten. Da ich für mich ein Angebot eines wesentlich größeren Unternehmens (Stoewer) hatte, dessen Gesamtleitung zu übernehmen, so konnten die Schwarzwaldwerke wesentlich an Aufwendungen sparen, indem ich dies Angebot annahm und zwei geeignete leitende Mitarbeiter unter Beibehaltung ihrer Arbeitsgebiete, Fabrikation bzw. Vertrieb der Zentrifugen, als Nachfolger vorschlug. Die Anstellungsverträge habe ich noch entworfen und zur Annahme gebracht, um dann auszuscheiden und die neue Aufgabe zu übernehmen.

Schon früher hatte ich eine Anfrage von der August Borsig G.m.b.H., Berlin-Tegel, erhalten, ob ich bereit sei, dort die kaufmännische Leitung zu übernehmen. Geh.Komm.Rat Conrad v. Borsig hatte mich anläßlich einer Verbandssitzung kennengelernt und den Geschäftsführer dieses Verbandes gebeten, bei mir zu sondieren, ob ich bereit sei, zu Borsig zu wechseln. Es kam auch zu einer Besprechung, bei der mir Conrad v. Borsig das Tegeler Werk zeigte. Keiner von uns beiden berührte aber meine Übersiedlung zu Borsig. Ich nicht, weil es mir bei Lanz noch gut gefiel. Der Grund bei Conrad v. Borsig wurde mir erst etwas später klar, als nämlich die August Borsig AG ganz unerwartet ihre Zahlungen einstellte. Er hatte es nicht mehr verantworten können, mich in diesen Zusammenbruch hineinzuziehen. Wie unerhört weit sich dieser auswirkte, vermag man daraus zu ersehen, daß selbst die Mittel der Werksparkasse Borsig nur noch als eine Forderung an die zahlungsunfähig gewordene Firma August Borsig G.m.b.H. bestand. Die Sparer dieser Kasse verloren also nicht nur unerwartet ihren Arbeitsplatz, sondern auch ihre Ersparnisse. Später hat dann u. a. die Stadt Berlin mit Recht eingegriffen und heute besteht und arbeitet wieder die A. Borsig AG.

f) Bernhard Stoewer, Nähmaschinen- und Fahrräder-Fabrik A.G.

Dieses war ein altes und seinerzeit gut florierendes Unternehmen, das von Bernhard Stoewer für die Fabrikation von Nähmaschinen in Stettin gegründet worden war. Später wurde auch die Erzeugung von Fahrrädern, noch später die von Schreibmaschinen aufgenommen. Für die Fabrikation von Automobilen wurde ein besonderes Unternehmen, ebenfalls in Stettin, errichtet, die Stoewer Automobil AG, das von zwei Söhnen Bernhard Stoewers geleitet wurde, solange die Anteile der Familie gehörten.

Nach dem Tode des Gründers des Hauptwerkes, der Nähmaschinen- u. a. Fabrik, und auch dem des dann herangeholten Leiters, aber auch in Auswirkung der Wirtschaftskrise 1928 ff. geriet das Unternehmen in eine ungünstige Situation. Diese wurde zunächst dadurch überwunden, daß eine Anleihe, die von einer englischen Versicherungsgesellschaft gegeben worden war, in eine Aktienbeteiligung umgewandelt wurde. Weiteres Kapital gab die Stadt Stettin im Interesse der etwa 1000 beschäftigten Arbeiter und Angestellten.

Im Aufsichtsrat saßen zwei Söhne Bernhard Stoewers, ein Stahllieferant, ein Vertreter der englischen Versicherungsgesellschaft sowie ein Filialleiter der Diskonto-Gesellschaft (Dr. Ecker). Der letztere war nebenamtlich Delegierter des Aufsichtsrates im Vorstande und erhielt dafür 1000 Mark im Monat, die er verlieren würde, wenn ich die kaufmännische Leitung im Vorstande übernahm. Vom Geschäftsbetrieb verstand er nichts. Als ich gelegentlich eines Besuches beim AR-Vorsitzenden des AR Stoewer mir auch die Fabrik ansah und auch Auskünfte über die Geschäftslage geben ließ, stellte ich in wenigen Augenblicken fest, daß monatlich 30 000 Mark zugesetzt wurden. Peinlicher noch als dieses finanzielle Loch war, daß der Delegierte des AR von dieser Situation nichts wußte oder ahnte, trotzdem er als Bankmann wenigstens gerade die finanzielle Situation hätte erfassen müssen.

Wohl war mein Anstellungsvertrag von beiden Seiten unterschrieben, doch hatte ich die Leitung der Gesellschaft noch nicht übernommen. Dr. Ecker lag nun daran, möglichst zu verhindern, daß diese Übernahme erfolgte. Dazu traf er verschiedene Maßregeln, wofür ihm der AR-Vorsitzende, Stoewer jr., zur Verfügung stand, der ein ihm gefügiges Werkzeug war. Noch vor meinem Antritt forderte dieser die Original-Diplome für meinen Dr. phil. und meinen Dr.-Ing. ein. Das war natürlich nicht nur ungewöhnlich, sondern eine Unverschämtheit. Ich hätte die Übersendung einfach ablehnen können, wollte aber meine neue Aufgabe nicht mit einer groben Maßregel anfangen. Das gilt auch für zwei weitere Maßregeln. Noch ehe ich antrat, beschloß der AR, den Dr. Ecker weiter als Delegierten des AR im Vorstande zu belassen. Schließlich erließ der AR eine offenbar von Ecker entworfene Geschäftsordnung für den Vorstand, von der Ecker mir höhnisch sagte, daß ich nach deren Wortlaut nicht einmal eine Briefmarke hätte selbständig kaufen können.

Ich hätte natürlich das Recht gehabt, den Antritt meiner Vorstandstätigkeit abzulehnen, aber Zahlung des vereinbarten Gehaltes zu verlangen, doch hätte ich meine Situation rechtlich dadurch verschlechtert. So nahm ich die Tätigkeit als kaufmännisches Vorstandsmitglied auf und wartete die weitere Entwicklung ab. Arbeit gab es für mich genug. Ich holte einen kompetenten technischen Leiter, ließ auch durch einen sachverständigen Gutachter, der gerade Daimler beraten und von dieser Seite gelobt wurde, einen Vorschlag für die Rationalisierung der Fabrikation machen.

Alle diese Schritte beunruhigten Dr. Ecker, der ja die Trennung wollte. Er führte dann im Beisein eines seiner leitenden Angestellten, der später als Zeuge dienen sollte, eine Auseinandersetzung herbei, in der er mir dies und jenes vorhielt. Ich ließ mich aber auf keinerlei Diskussion ein, sondern schwieg völlig still. Als Ecker sah, daß er so nicht zum Ziele kam, machte er mir den Vorschlag, doch wieder aus dem Vorstande auszuscheiden. Ich sagte ihm, dazu sei ich bereit, aber erst, wenn ich eine bessere Stellung hätte, als es diejenige bei Stoewer sei.

Dr. Ecker sah also, daß er so wieder nicht zum gewünschten Ziele kam. So entschloß er sich zu einer realistischeren Methode. Als ich eines Abends um 21 Uhr von einer Beratung mit unserem Rechtsanwalte nach Hause kam, lag ein Brief des AR-Vorsitzenden Stoewer vor, wonach ich ständig beurlaubt würde. Mein Gehalt würde mir an jedem Monatsende übersandt werden.

Das war natürlich für mich eine höchst angenehme Lösung. Ich war von Stoewer-Dr. Ecker befreit und hatte Zeit, mich nach meinem Belieben zu beschäftigen. Als erstes beteiligte ich mich an einem wissenschaftlichen Wettbewerb, einer Arbeit über die „Reform der deutschen Kraftfahrzeugbesteuerung". Zwar war ich Laie auf diesem Gebiete, war aber Automobilist. Jedenfalls gewann ich trotz großer Beteiligung den ersten Preis (6000 Mark). Auch hatte ich die Genugtuung, daß die spätere deutsche Reform sich in der Richtung meiner Gedankengänge bewegte.

Jetzt (1930) verlegte ich meinen Wohnsitz nach Berlin. Hier hatte ich die wissenschaftliche Möglichkeit, mich als Privatdozent der Betriebswirtschaftslehre zu habilitieren, wozu mir Stoewer eine bequeme finanzielle Möglichkeit lieferte. Andererseits ging es bei Stoewer sachlich nicht ohne ein kaufmännisches Vorstandsmitglied. Es gelang auch, in der Person eines früheren Prokuristen eine sachverständige Persönlichkeit zu finden. Die Lösung, die er fand, war aber schließlich nur, daß er den Konkurs der Stoewer AG anmeldete. Da meine Forderung bevorrechtigt war, so wurde sie bis zum Auslauf meines Anstellungsvertrages befriedigt, was sicher dem Ansehen Dr. Eckers nicht gedient hat, der vergeblich versucht hat, Stoewer von dieser Belastung zu befreien. Für den letzteren bestand aber noch die mißliche Tatsache, daß die Tätigkeit als Privatdozent nicht besoldet wird. Auch der Versuch Stoewers, den von mir gewonnenen Preis von 6000 Mark für die Gesellschaft zu verlangen, ist selbstverständlich lachend abgelehnt worden.

Ich habe diese Angelegenheit so ausführlich geschildert, weil sie zeigt, daß man auch als Vorstandsmitglied beim Abschluß von Verträgen sehr vorsichtig sein muß und sich nicht darauf verlassen darf, daß Aufsichtsratsmitglieder immer anständig handeln.

13. An der Technischen Hochschule — Technische Universität

In der Laufbahn des Hochschullehrers hatte ich schon immer einen idealen Beruf gesehen. Zunächst hatte ich das Gebiet des wissenschaftlichen Unterrichts aber als Student der Technischen Hochschule zu Berlin-Charlottenburg betreten, wo ich damals industrielles Verwaltungswesen studierte und den Grad eines Dipl.-Ing. mit einer Diplomarbeit über das Projekt einer Elektrischen Interurbanen Bahn erwarb. Da mir das hier erworbene Ausmaß wirtschaftlicher Kenntnisse unzureichend erschien und meine Tätigkeit bei der AEG mir weitgehende Arbeitsfreiheit gewährte, so schloß ich ein gleichzeitiges Studium der Volkswirtschaftslehre an der Friedrich-Wilhelm-Universität in Berlin (Unter den Linden) an. Dieses lag dort bei der Philosophischen Fakultät, an der Schmoller, Wagner, Sehring u. a. lehrten. Ein breiter Besuch aller Vorlesungen usw. schied für mich aus, und ich beschränkte mich sozusagen auf einen Galopp durch die Wirtschaftswissenschaften, hörte im Verlaufe von zwei Jahren einige wenige Vorlesungen bei Schmoller und Sehring, besuchte das hochinteressante Seminar von Schmoller, in dem ich mich auch nicht genierte, z. B. den publizierten Ideen Schmollers über die Änderungen des Aufsichtsrates (Entsendungen von Mitgliedern durch den Staat) entgegenzutreten. An freien Abenden studierte ich die volkswirtschaftliche Literatur und bereitete mich auf die Doktorprüfung vor. Da das wirtschaftswissenschaftliche Studium in Berlin bei der Philosophischen Fakultät lag, so ergab sich die Frage des Hauptfaches und der Nebenfächer. Das Fach Betriebswirtschaftslehre gab es damals (1905—1907) noch nicht, wie es auch keinen Lehrstuhl für Betriebswirtschaftslehre gab. Das Thema meiner Dissertation war „Die Konzentrationsbewegung in der Deutschen Elektroindustrie“. Als Nebenfächer wählte ich Geschichte und Philosophie.

Nach Abschluß meines wirtschaftswissenschaftlichen Studiums und Erwerbung des Dr. phil. kam für mich als nächstes nicht eine wissenschaftliche Tätigkeit in Frage, sondern ich begann die geschilderte dreijährige Studienreise, um einen praktischen Überblick über die Weltwirtschaft zu erwerben. Zielpunkt war aber damals noch eine Tätigkeit in der deutschen Wirtschaft, insbesondere bei der AEG.

Schon vorher, als ich noch während des ersten Weltkrieges stellvertretender Direktor des Instituts für Seeverkehr und Weltwirtschaft an der Universität Kiel war, redete mir Prof. Harms zu, doch nach Kriegsende beim Institut zu bleiben. Dies lehnte ich jedoch eindeutig ab, da ich damals, wie gesagt, noch den Wunsch hatte, wieder in die Wirtschaft zurückzukehren.

Jetzt aber, 1930, gab mir die Auseinandersetzung mit der Stoewer AG, Stettin, eine ausgezeichnete Gelegenheit, die Hochschullaufbahn in der normalen Weise einzuschlagen, indem ich versuchte, mich an der Technischen Hochschule zu Berlin für das Gebiet der Betriebswirtschaftslehre zu habilitieren. Hier war 1927 von Prof. Dr. W. Prion bei der Abteilung für Allgemeine Wissenschaften das Studium des Wirtschaftsingenieurs geschaffen worden[14], dessen Ergebnis, der Wirtschaftsingenieur, mir förmlich auf den Leib zugeschnitten war. Das ergibt sich auch daraus, daß ich seit der Beendigung meines Studiums an den beiden Berliner Hochschulen (Technische Hochschule und Berliner Universität) nicht aufgehört hatte, mich auf dem Grenzgebiet Technik und Wirtschaft wissenschaftlich zu betätigen[15] und Arbeiten zu veröffentlichen.

a) Habilitation — Privatdozent

Ministerialrat v. Rottenburg, Referent für die deutschen Technischen Hochschulen im Unterrichtsministerium, setzte sich wegen meiner Habilitation mit Prion in Verbindung, mit dem ich etwa 1906 im Seminar von Schmoller zusammengewesen war. Dieser und der Volkswirtschafter Prof. Goetz Briefs vertraten den Habilitationsantrag gegenüber der Fakultät. Die mündliche Prüfung legte ich vor der Fakultät im Oktober 1930 ab.

Später folgte die Probevorlesung, für die ich drei Themen vorzuschlagen hatte, von denen die Fakultät eines zu bestimmen hatte, über das ich nun sofort eine Vorlesung frei halten mußte. Nachdem auch das geschehen war, beschloß die Fakultät meine Zulassung als Privatdozent. Jetzt war ich also wohlbestallter Privatdozent, und im November 1930 begann ich meine Vorlesungen.

Hier hatte insofern schon die Vorsehung mitgespielt, als im Vorlesungsverzeichnis der TH für 1930/31 eine Vorlesung „NN, Verkaufsorganisation des Industriebetriebes, drei bis sieben Semester“ angekündigt worden war[16]. Diese Vorlesung habe ich unverzüglich begonnen und zweisemestrig zweistündig durchgeführt. Sie war wohl die erste Vorlesung, die in Deutschland über dieses Thema gehalten

[14] Vgl. W. Prion, Ingenieur und Wirtschaft: Der Wirtschafts-Ingenieur, Berlin 1930.

[15] Vgl. Schriftenverzeichnis.

[16] Vgl. Vorlesungs-Verzeichnis der Technischen Hochschule zu Berlin für 1930/31, S. 64.

wurde. Im folgenden Studienjahr habe ich daneben eine weitere zweistündige zweisemestrige Vorlesung über „Industrielle Betriebswirtschaftslehre" gehalten.

Natürlich war die Tätigkeit als hauptamtlicher Privatdozent nicht mit der Abhaltung von Vorlesungen erschöpft. So nahm ich das Praktikantenwesen in verschiedener Richtung in die Hand. Bis dahin verlangten die Vorschriften für die Ableistung des Praktikums, daß dieses insgesamt mindestens $1^1/_2$ Jahr umfassen mußte. Davon mußten mindestens $^1/_2$ Jahr auf Werkstattätigkeit entfallen, andererseits mindestens ein weiteres Halbjahr auf kaufmännische Bürotätigkeit. Wie das dritte Halbjahr verwendet wurde, d. h. ob in Werkstatt oder Büro, blieb dem Studierenden überlassen.

Ich selbst hatte ja eine zeitlich darüber hinausgehende Praktikantentätigkeit ausgeübt und besaß daher ein leidliches Urteil über deren Anlage und Wert. Auf Grund meiner Erfahrungen schlug ich vor, die vorgeschriebene Dauer auf 1 Jahr zu verkürzen, andererseits diese Tätigkeit zu intensivieren, indem es für die Praktikanten Vorschrift wurde, einen Bericht über die praktische Tätigkeit zu liefern, der durch Einfügung der im Betriebe jeweils verwendeten Formulare illustriert wurde. Die Verkürzung der Praxis wurde zunächst in der Fakultät überlegt. Ich regte eine Besprechung der Leiter der Praktikantenämter der verschiedenen Fakultäten an, die auch stattfand und an der die Professoren der Abteilungen Maschinenbau (Hanner), Bauingenieurwesen (Siegmund Müller), Wirtschaftsingenieurwesen (Prion), Industrielle Bauanlagen (Franz), ferner ich selbst teilnahmen. Es zeigte sich, daß die Leiter der übrigen Praktikantenämter meiner Ansicht beipflichteten, daß die praktische Tätigkeit wohl wertvoll und untentbehrlich sei, daß man ihren Wert aber nicht überschätzen und den Studierenden zeitlich nicht zuviel zumuten solle. Ein Jahr Praxis wurde auch für die angehenden Wirtschaftsingenieure für ausreichend gehalten. Dafür wurde dann auch die ministerielle Genehmigung herbeigeführt.

Als sehr instruktiv erwies sich die Einführung der Berichte über das jeweilige Praktikum. Der Praktikant mußte sich nunmehr Gedanken über den ganzen Betrieb und seinen Ablauf machen. Ich gewann den Eindruck, daß der Wirkungsgrad des vom Einzelnen durchgemachten Praktikums und die Qualität der Berichte wesentlich stieg.

Hinsichtlich des Praktikums aber auch des Studiums wurden die Studierenden natürlich laufend in der Sprechstunde beraten. Ich selbst wurde auch Mitglied des Prüfungsausschusses, sah auch Doktorarbeiten durch, die dann damals noch an Prion weitergingen.

Der Lehrkörper der TH bestand 1930 u. a. aus den Ordinarien für Betriebswirtschaftslehre Prof. Dr. W. Prion, für Volkswirtschaftslehre Prof. Dr. Goetz Briefs. An weiteren Privatdozenten für Betriebswirtschaftslehre, also als Kollegen, fand ich vor Dr. Hasenack (heute Ordinarius der Betriebswirtschaftslehre an der Universität Göttingen), Dr. Ruberg (später Ordinarius an der Universität Bonn). Nach etwa einem Jahr kam Dr. Günther Kühn hinzu, der noch vor dem zweiten Weltkrieg Extraordinarius an der TH und später dort Ordinarius war, bis er krankheitshalber emeritiert wurde.

b) Politischer Umbruch — Entziehung der Lehrbefugnis

Im Januar 1933 begann der politische Umbruch, Adolf Hitler wurde Reichskanzler. Es blieb nicht aus, daß der Nazismus sich auch an der TH auswirkte, wo der Privatdozent Storm (Kohlenwirtschaft) sein Exponent war. Mit diesem war ich schon im Verband der Extraordinarien bei den Wahlen für den Senat zusammengestoßen, wobei ich meinen Kandidaten durchbrachte, ohne daß dies zu einer persönlichen Verstimmung führte.

Immerhin gab es an der TH Nazis unter den Professoren, Assistenten und insbesondere auch unter den Studierenden, von welch letzteren sogar einer im Vorstand des VWI saß.

Ich war als entschiedener Antinazist bekannt. Auch konnte ich es nicht lassen, in meinen Vorlesungen gelegentlich sarkastische Bemerkungen über nazistische Auffassungen einfließen zu lassen. Dies wurde, wie mir das oberste Organ der NSDAP an der TH Berlin, Herr Willing, gelegentlich sagte, durch einzelne Studenten ihm hinterbracht. Auch hatte ich im Verband Deutscher Wirtschaftsingenieure unter meinem Vorsitz durch Prof. Dr. Goetz Briefs einen Vortrag über das Wesen des Nationalsozialismus halten lassen. Da Briefs keineswegs Nationalsozialist war und auch später zu einer USA-Universität als Professor übertrat, so nahm man es mir übel, daß ich für diesen Vortrag keinen nationalsozialistischen Sprecher ausgewählt hatte.

Jedenfalls entzog das Unterrichtsministerium mir am 31. Mai 1934 die Lehrbefugnis, so daß ich von diesem Tage ab nicht mehr Privatdozent und nicht mehr Angehöriger der TH war. Auch die laufenden Lehraufträge waren damit hinfällig. Eine Begründung wurde abgelehnt. Auch schlug mein Versuch, den zuständigen Referenten des Unterrichtsministeriums in dieser Angelegenheit zu sprechen, fehl, trotzdem ich zur Hochschulabteilung des Unterrichtsministeriums sehr gute Beziehungen besaß.

Materiell spielte dies für mich keine Rolle. Es fielen nur die Einnahmen aus den Vorlesungsgebühren sowie diejenigen aus den Lehraufträgen fort. Andererseits hatte ich ein ziemlich hohes Einkommen aus der Ausübung des Berufes als öffentlich bestellter Wirtschaftsprüfer, schließlich zunächst die Zahlung von monatlich 3000 RM von Stoewer. Geldlich war ich also nicht betroffen. Dagegen war die Beendigung meiner Hochschultätigkeit für mich doch ideell ein harter Schlag, gemildert nur durch meine umfassende Tätigkeit als Wirtschaftsprüfer, auf die ich noch eingehen werde.

14. Verband Deutscher Wirtschaftsingenieure e.V.

Die Studienrichtung Wirtschaftsingenieure war durch die Bemühungen der Professoren der TH und durch Genehmigung des Senators für Volksbildung geschaffen worden. Noch fehlte aber die Einführung dieses Berufes in der Wirtschaft. Dies mußte Aufgabe der Angehörigen dieses Berufes sein. Das waren in erster Linie diejenigen, die das Diplomexamen in dieser Richtung abgelegt hatten, einen derartigen

Beruf ausübten oder eine Stellung in dieser Richtung suchten, wo also sowohl technische wie auch wirtschaftliche, juristische usw. Kenntnisse verlangt wurden.

Wie der Verkauf in der Wirtschaft eine Werbung verlangt, so bedingt auch die Einstellung und Verwendung von Wirtschaftsingenieuren die Kenntnis dieses Berufes, seiner Ausbildung usw. Das konnte am besten durch Gemeinschaftsarbeit geleistet werden. So wurde am 24. Juli 1933 von einer Reihe von Wirtschaftsingenieuren der Verband deutscher Wirtschaftsingenieure e. V. gegründet. Sitz war Berlin, wo von vornherein eine enge Verbindung zur TH bestand. Erster Vorsitzender des Vorstandes war ich. Die meisten der Mitglieder wohnten damals auch in Berlin, insbesondere, soweit sie noch studierten und außerordentliche Mitglieder des Verbandes waren. Für die regelmäßig gehaltenen Vorträge gewann man zunächst die Professoren der Studienrichtung, dann aber auch leitende Personen der deutschen Wirtschaft. Jedenfalls begann der Wirtschaftsingenieur allmählich bekanntzuwerden. Dazu trug auch das Entstehen von auswärtigen Ortsvereinen bei. So gründete Prof. Hax in Darmstadt, wo an der dortigen TH Wirtschaftsingenieure nach einem ähnlichen Studienplan ausgebildet wurden, 1953 einen Ortsverein des VWI. Der Schwerpunkt der Entwicklung lag aber zu allen Zeiten in Berlin.

Ich selbst war, wie gesagt, notorischer Antinazi. Jedenfalls ließ mir die Organisation der NSDAP an der TH sagen, daß sie den Studierenden der TH die Mitgliedschaft im VWI verbieten würde, solange ich dort Vorsitzender wäre. Bei dem bestehenden Ausmaß der allgemeinen Einschüchterung war nicht daran zu zweifeln, daß eine solche Sperre Erfolg haben würde. Der VWI war andererseits auf den Zugang junger Mitglieder angewiesen. So erklärte ich in der Hauptversammlung meinen Rücktritt. Als Nachfolger schlug ich den mir von den Nazis benannten Pg. Dipl.-Ing. Dr. Baron von Dazur, Preußischer Rundfunkkommissar, vor. Die Mitgliederversammlung vom 24. Juli 1933 folgte diesem Vorschlage. An Herrn v. Dazur richtete ich dann einige Worte. „Führer des VWI zu sein, ist eine Ehre. Es ist aber nicht minder eine Bürde. Es bedeutet eine Verpflichtung. Es handelt sich nicht darum, sich nur in ein gemachtes Bett zu legen und die Freuden eines Amtes zu genießen. Es handelt sich darum, in einer schweren Zeit die Führung des noch in erster Entwicklung stehenden Zusammenschlusses der deutschen Wirtschaftsingenieure zu übernehmen und nicht durch Worte, sondern durch Taten zu zeigen, daß man Führer ist. Diese Taten erwarten wir von Ihnen und den übrigen Herren des Vorstandes."

Indessen hat meine Mahnung nicht viel geholfen. Ein Verband lebt und wächst nicht von selbst. Schließlich kam der zweite Weltkrieg mit der Einziehung der Studierenden in die Wehrmacht. Der VWI schlief schließlich ein.

Nach 1945 kam der stud. Glinschert zu mir und regte an, doch den VWI erneut zu gründen. Das habe ich damals abgelehnt, weil ich noch nicht wieder an der TH zurück war. Erst 1949 wurde ich ordentlicher Professor an der TH. Am 1. April 1950 ist dann der VWI erneut aufgebaut worden. Wiederum wurde ich zum Vorsitzenden gewählt. Nach meiner Emeritierung (1952) wurde auf meinen Vorschlag Prof. Dr. Jahn zum Vorsitzenden gewählt. Um eine eindeutige Abgrenzung zur Jugend dieses mir sehr am Herzen liegenden Verbandes herbeizuführen, habe ich es auch abgelehnt, dem Vorstand weiter anzugehören.

Die Zahl der an der TH/TU Berlin für das Studium des Wirtschaftsingenieurs immatrikulierten Studenten entwickelte sich nach dem zweiten Weltkriege wie folgt:

1946/47 = 105	1953/54 = 217
1947/48 = 141	1954/55 = 284
1948/49 = 161	1955/56 = 409
1949/50 = 168	1956/57 = 544
1950/51 = 176	1957/58 = 757
1951/52 = 154	1958/59 = 813
1952/53 = 173	1959/60 = 856

Man sieht, wie sich das Studium der Wirtschaftsingenieure von Jahr zu Jahr entwickelt hat. Davon waren 1959 beim VWI

ordentliche Mitglieder	= 252
außerordentliche Mitglieder	= 176
zusammen	= 428

Anders betrachtet waren 1959 von den 856 angehenden Wirtschaftsingenieuren 835 männlich, 9 weiblich und 12 männliche Ausländer.

1952 schloß sich der VWI dem Berliner Verband technisch-wissenschaftlicher Vereine an, dessen Vorsitzender Prof. Dr. D'Ans (Chemiker) war, während ich dem Vorstande etwa bis 1957 angehörte.

Heute ist der Wirtschaftsingenieur bereits ein bekannter Begriff, und man findet unter dieser Berufsbezeichnung in den Tageszeitungen und Fachzeitschriften Stellungen ausgeschrieben.

Dafür, daß der Wirtschaftsingenieur sich in der Praxis bewährt hat, spricht sehr deutlich das folgende Beispiel: Bei der *Standard Electric Lorenz AG., der deutschen Tochtergesellschaft des amerikanischen Standardkonzerns, waren 1962 einschließlich ihrer in- und ausländischen Tochtergesellschaften insgesamt 15 Diplom(Wirtschafts)Ingenieure tätig, von denen fünf bereits Direktoren im In- und Auslande sind, ferner vier Abteilungsleiter, die übrigen in aussichtsreichen Stellungen!* Alle waren noch meine Schüler an der Technischen Universität Berlin, aber nicht einer ist von mir dorthin gebracht worden. Das spricht eindeutig dafür, daß die Leistungen der Diplomingenieure dieser Prägung besonders befriedigt haben.

15. Professoren und Fakultäten

Vor einigen Jahren hat ein Institut der Universität Kiel an Außenstehende eine Umfrage über das *Ansehen* gerichtet, das die einzelnen Berufsarten in der Öffentlichkeit genießen. Es ergab sich, daß es die Professoren sind, die das höchste Ansehen in der Öffentlichkeit genießen, höher als sonstige höhere Beamte, Offiziere usw. Diese inoffizielle Rangordnung dürfte der Einstellung der befragten Schichten entsprechen. Der Beruf der Professoren genießt also bei der Allgemeinheit in der Bundesrepublik ein hohes Ansehen.

Wie steht es nun mit der Beurteilung in den Kreisen der Hochschullehrer selbst oder der ihnen nahestehenden. Vor langen Jahren, als ich selbst noch nicht Hochschullehrer war, rühmte ich einmal der Frau eines Ordinarius gegenüber die Schönheit dieses Berufs. Ihre Antwort war überraschend: „Ja, wenn die Kollegen nicht wären."

Erst später habe ich die Berechtigung dieses Urteils erkannt. Natürlich gibt es „sone und solche". Aber schon ein einzelnes Fakultätsmitglied kann bei genügender Gewandtheit die Luft in einer Fakultät verpesten. Als der vor Jahren emigrierte Volkswirtschafter Moritz Bonn sich an der Universität München habilitieren wollte und dem dortigen Dekan Brentano seinen Antrittsbesuch machte, sagte ihm dieser: „Herr Kollege, vergessen Sie nicht, Professoren sind die größten — — —, bis zum Beweis des Gegenteils!" Das ist natürlich eine drastische Überspitzung im Ausdruck. Aber sicher ist, daß in den Fakultäten, d. h. den Organen, in denen die planmäßigen Hochschullehrer, z. B. der Wirtschaftswissenschaften oder der Juristen usw. vereinigt sind, keineswegs eitel Harmonie herrscht. Natürlich ist der Charakter der einzelnen Professoren durchaus unterschiedlich. Man lese nur in den „Jahresringen" Alfred Hoches, dieses freimütigen Freiburger Psychiaters, dessen „Innenansicht eines Menschenlebens" es bis 1958 auf 75 Auflagen gebracht hat. Er geht auch auf das Verhalten der einzelnen Kollegen ein, und man sieht, wie der eine kollegial, der andere höchst egoistisch ist.

Besteht nun ein Unterschied zwischen den einzelnen Fakultäten? Ich habe drei Fakultäten der Technischen Universität Berlin angehört, einmal dadurch, daß die Studienrichtung Wirtschaftswissenschaften zuerst der sehr großen Fakultät für allgemeine Ingenieurwissenschaften angehörte und erst später selbständig wurde. Ferner wurde ich daneben in die Humanistische Fakultät delegiert, dessen Angehörige den Studierenden aller Studienrichtungen eine humanistische Bildung zu vermitteln hatten.

Nur in der Wirtschaftswissenschaftlichen Fakultät habe ich einigermaßen bis auf den Grund gesehen. Gerade hier möchte ich aber darauf verzichten, in Einzelheiten zu gehen. Immerhin habe ich nach meiner Emeritierung bald darauf verzichtet, an den Fakultätssitzungen teilzunehmen.

Andererseits kann ich noch ein Urteil streifen, das mir erst soeben bekannt wird, indem es mir von einem früheren Rektor anläßlich einer allgemeinen Unterhaltung berichtet wurde. Es stammte ebenfalls von einem anderen früheren Rektor. Die vom ersteren aufgezählten Eigenschaften der Professoren sind sämtlich so abschreckend, daß, wenn man sie glauben würde, mancher darauf verzichten würde, die Hochschullaufbahn einzuschlagen. Ich gehe aber auch hier nicht auf Einzelheiten ein, da der betreffende Rektor 1945 einen Trick benutzt hat (Umwandlung der TH in eine Technische Universität), um drei hohe unbehagliche Hochschullehrer, darunter einen Dekan, „nicht zu übernehmen", d. h. von ihren Lehrstühlen und damit von der Hochschule zu verdrängen. Sein Urteil scheint mir daher nicht gerade objektiv zu sein.

Auf einen Punkt möchte ich aber eingehen, weil er von fundamentaler Bedeutung für den Lehrbetrieb ist. Diese Fakultät bildet Diplomwirtschaftsingenieure und Diplombetriebswirte aus. An anderen Fakultäten werden Architekten von

Architekturprofessoren, Bauingenieure von Professoren dieses Faches, Maschinenbauer von Maschinenprofessoren ausgebildet usw. Als ich 1949 an die TU zurückkam, war ich, ein Wirtschaftsingenieur, Vorsitzender des Prüfungsausschusses für Wirtschaftsingenieure, während Prof. Mellerowicz, Betriebswirtschafter, der bald darauf kam, Vorsitzender des Prüfungsausschusses für Betriebswirte wurde.

Die Zahl der Studierenden des Wirtschaftsingenieurwesens in der Fakultät betrug im Wintersemester 1959/60 insgesamt 850, die der Betriebswirte 434. Es hätte also nahegelegen, die benötigten Ordinarien der Betriebswirtschaftslehre der Mehrzahl nach aus geeigneten Wirtschaftsingenieuren auszuwählen. Als ich mit 72 Jahren emeritiert wurde und man nun an die *Berufung* eines Nachfolgers ging, schlug ich dem Berufungsausschuß vor, jedenfalls einen geeigneten Wirtschaftsingenieur zu berufen, da dieser ja am besten mit dem Studium und dem späteren Arbeitsgebiet der zukünftigen Wirtschaftsingenieure vertraut sei. Ich schlug damals vor an erster Stelle: Prof. Dr. der technischen Wissenschaften Dipl.-Ing. Helmuth Krüger (heute Ordinarius der Betriebswirtschaftslehre an der TH Karlsruhe und Leiter des dortigen Betriebswirtschaftlichen Instituts), an zweiter Stelle Prof. Dipl.-Kfm. Dr.-Ing. Helmut Koch (heute Ordinarius der Betriebswirtschaftslehre an der Universität Münster), an dritter Stelle Privatdozent Dr.-Ing. Hans Blohm (heute Ordinarius der Betriebswirtschaftslehre an der TH Karlsruhe). Alle drei waren gerade für den zu besetzenden betriebswirtschaftlichen Lehrstuhl an einer Fakultät, die Wirtschaftsingenieure ausbildet, sehr geeignet. Helmuth Koch (mit mir nicht verwandt) und Hans Blohm sind beide ausgezeichnete Hochschullehrer, die beide aus dem Studium des Wirtschaftsingenieurs an der TH Berlin-Charlottenburg hervorgegangen sind. Trotzdem hat man keinen dieser drei, gerade für Charlottenburg besonders geeigneten, vorzüglichen Männer akzeptiert. Vielmehr hat man den vakanten Lehrstuhl mit einem reinen Betriebswirt besetzt, wie ich annehme, um den Betriebswirten die Herrschaft in der Fakultät zu sichern. Ich empfinde dies als eine ganz ausgesprochene Fehlentscheidung, nachdem es sich bei den Studierenden der Fakultät ganz überwiegend um angehende Wirtschaftsingenieure handelt.

Ich habe manchmal darüber nachgedacht, warum gerade bei den Professoren diese etwas gespannte Atmosphäre nicht selten ist. Hängt es mit der ihnen für ihr Fakultätsgebiet überlassenen vielgerühmten Selbstverwaltung zusammen, die Gelegenheit zu Kämpfen um eine Entscheidung in dieser oder jener Frage gibt, sei es auch nur um die Verteilung der vorhandenen Räume, oder wichtigere Angelegenheiten, wie der erwähnte Vorschlag für die Besetzung von Lehrstühlen? Liegt es daran, daß Professoren im allgemeinen ausgesprochene Individualisten sind?

Ich kann ein Beispiel anführen, wo Professoren ständig zusammenkommen, ohne daß es die geringste Reibung gibt. Von dem Gedanken ausgehend, daß der *emeritierte* Professor, von vielleicht ein oder zwei Übergangssemestern abgesehen, die der Berufung des Nachfolgers dienen, doch von der Hochschule und von seinen bisherigen Kollegen abgeschnitten bleibt, habe ich 1958 zunächst an der TU Berlin-Charlottenburg die Bildung eines *„Symposiums der Emeriti“* angeregt. Zunächst habe ich den Plan mit einigen Emeritis der TU besprochen, nämlich mit den emeritierten Professoren Apel (Eisenbahner), Hahmann (Maler), Herrmann (Historiker), und dann zu einer Durchsprache des Planes mit allen Emeritis der TU eingeladen.

Der Plan wurde gebilligt. Allmonatlich treffen wir uns in einem Hotel am Kurfürstendamm, das uns Räume zur Verfügung stellt. Nach einem Essen wird von einem Mitglied der Tafelrunde ein Vortrag gehalten, an den sich eine Diskussion anschließt.

Dieser Gedanke ist außerordentlich gelungen. Nach einem Jahre haben wir ihn mit Erfolg auch auf die Emeriti der Freien Universität Berlin ausgedehnt. So sind alle Wissenschaftsgebiete unter den Symposiasten vertreten, was der Universalität des Kreises, aber auch den Vorträgen zugute kommt. Als geschäftsführender Symposiarch wurde ich auf Lebenszeit gewählt (inzwischen habe ich, 80 Jahre alt, dieses Amt niedergelegt, das an Prof. D'Ans [Chemiker] überging), als weitere Symposiarchen sind außer den schon genannten Emeritis der TU nun doch die emeritierten Professoren der FU Redslob (Kunstgeschichte), Vasmer (Slavistik) und Fischer-Baling zum Kreis der Symposiarchen hinzugekommen.

Wenn ich dieses Symposion hier erwähne, so nur deshalb, weil es in diesem Kreise, der sich ja gleichfalls nur aus ehemals planmäßigen Professoren zusammensetzt, noch niemals eine Differenz gegeben hat, wenn man von den Diskussionen im Anschluß an die Vorträge absieht. Vielleicht trägt auch zu der ausnahmslosen Friedfertigkeit bei, daß inzwischen auch unsere Frauen regelmäßig an diesen Symposien teilnehmen. Außerdem haben wir von vornherein einige wenige Emeriti, bei denen wir nicht sicher waren, daß sie in unseren harmonischen Kreis hineinpaßten, nicht aufgefordert, teilzunehmen.

Es mag also bei den Reibungen in den Fakultäten doch wohl auch weitgehend an deren Aufgaben und eventuellen Interessengegensätzen der Mitglieder liegen.

16. Diplomingenieur oder Diplomwirtschaftsingenieur

Der Wirtschaftsingenieur ist zuerst in der Fakultät für Maschinenwesen der Technischen Hochschule zu Berlin-Charlottenburg entstanden. Alle Absolventen dieser Fakultät erhielten den akademischen Grad Dipl.-Ing., ganz gleich, ob sie damals Elektroingenieure, Schiffbauer oder auf einem anderen Fachgebiet dieser Fakultät ihr Studium betrieben hatten. Später gehörten die angehenden Wirtschaftsingenieure zur Fakultät für Allgemeine Ingenieurwissenschaften, die daneben die Abteilungen Mathematik, Physik, Chemie hatte. Diese Absolventen konnten den Grad des Diplommathematikers, Diplomphysikers, Diplomchemikers, oder aber statt dessen des Diplomingenieurs wählen. Die Wirtschaftsingenieure erhielten, solange sie bei dieser Fakultät absolvierten, ebenfalls den Grad des Dipl.-Ing. Das blieb auch so, als diese Studienrichtung eine selbständige Fakultät wurde, und so ist es noch heute.

Aber schon vor Jahren, als ich noch für diese Studienrichtung Vorsitzender des Prüfungsausschusses war, gab es bei den Studierenden Gruppen, von denen die einen als akademischen Grad den Diplomwirtschaftsingenieur zu erlangen wünschten, andere aber es bei Dipl.-Ing. zu belassen wünschten. Diese letzteren waren wohl in der Mehrzahl. Sie wünschten nach außen hin zu betonen, daß sie Ingenieur seien.

Ich selber hielt den Grad des Diplomwirtschaftsingenieurs für zweckmäßiger, weil er von vornherein sagt, wen man vor sich hat, so daß der Betreffende nicht erst einen Vortrag halten muß, wie bei ihm Studium und Examen ausgesehen haben. In Darmstadt (seinerzeit 361 Studierende) und Karlsruhe (289 Studierende) wird, wohl um der Klarheit willen, der Diplomwirtschaftsingenieur erworben.

Eine Entscheidung hat das Leben gefällt. In den Zeitungen und Zeitschriften wird bei Bedarf regelmäßig ein „Wirtschaftsingenieur“ gesucht.

17. Wirtschaftsprüfer

„Wirtschaftsprüfer ist derjenige, der als solcher öffentlich bestellt ist. Voraussetzung für eine solche Bestellung ist die Zulassung zu einer Prüfung sowie die erfolgreiche Ablegung der Wirtschaftsprüfer-Prüfung[17].“

Der Beruf des Wirtschaftsprüfers (WP) ist ursprünglich nicht durch Gesetz, sondern durch die „Ländervereinbarung“ geregelt worden, die Anfang 1931 von den deutschen Ländern in Übereinstimmung mit den deutschen Berufsvertretungen der Wirtschaft und der Prüfer geschlossen wurde. Über die Regelung des wirtschaftlichen Prüfungswesens war schon seit langem zwischen den genannten Kreisen, insbesondere den Berufsverbänden der Prüfer und den Industrie- und Handelskammern verhandelt worden. Ich erinnere mich, daß dabei, um einen Begriff zu geben, wie man sich den Wirtschaftsprüfer vorstelle, die Einreichung einer Liste von zehn Personen verlangt wurde, die man sich als zukünftige Wirtschaftsprüfer denke. Von den zehn Namen, die sich auf der eingereichten Liste befanden, erinnere ich mich nur des Reichsministers a. D. Dernburg und meines Namens.

Ich bin dann auch bald nach Abschluß der Ländervereinbarung und Ablegung einer Prüfung Wirtschaftsprüfer (1932) geworden, obwohl ich vorher eine solche Tätigkeit nicht ausgeübt hatte. Wohl aber war ich vorher (1930) als Privatdozent der Betriebswirtschaftslehre an der Technischen Hochschule Berlin habilitiert worden, in welches Gebiet ja das wirtschaftliche Prüfungswesen fällt.

Die Aufgaben des Wirtschaftsprüfers und der Wirtschaftsprüfungsgesellschaften liegen teils im öffentlich-rechtlichen Sektor, teils haben sie privaten Charakter. Zu den ersteren gehören u. a. die Prüfungen der Jahresabschlüsse der Aktiengesellschaften. 1931 war durch die Aufdeckung falscher Bilanzen der Norddeutsche Wolle AG die Bankenkrise von 1931 ausgelöst worden, die zu der zeitweisen Schließung aller deutschen Bankschalter und einer allgemeinen Vertrauenskrise geführt hatte. Der letzteren wollte man durch die Verordnung des Reichspräsidenten über Aktienrecht vom 19. September 1931 begegnen, die nach und nach für alle Aktiengesellschaften die Prüfungspflicht einführte. Ebenso wurde die Prüfung der Wirtschaftsbetriebe der öffentlichen Hand im gleichen Jahre obligatorisch, bald auch die Vorschriften für die Prüfung der Genossenschaften verschärft usw.

Noch einschneidender waren die neuen Aufgaben *im privaten Sektor.* Hier steht die Einführung der obligatorischen Bilanzprüfung bei den Aktiengesellschaften voran. Mehr und mehr noch wurde der WP zu nicht vorgeschriebenen Aufgaben herangezogen, zur Beratung in Einzelfragen, wie der Gestaltung des Rechnungs-

[17] Koch, Waldemar, Der Beruf des Wirtschaftsprüfers, Berlin 1957, 318 S.

wesens, zur Steuerberatung, Erstattung von Gutachten in strittigen Angelegenheiten usw.

So wurde ein weites zusätzliches Arbeitsgebiet erschlossen. Dieses eignete sich insbesondere auch für Privatdozenten der Betriebswirtschaftslehre, für den zwar seine Hochschultätigkeit vornan stand, dem diese aber keine ausreichende materielle Grundlage bot.

Um so mehr mußte mir meine Bestellung als WP nützlich sein, die mit der Entziehung der Lehrbefugnis an der TU etwa zeitlich zusammenfiel. Da ich leidlich bekannt war, fielen mir auch sehr rasch Aufträge auf Bilanzprüfungen bekannter, größerer Aktiengesellschaften zu. Bekannt wurde ich auch insbesondere als Gutachter in wirtschaftlichen Rechtsstreitigkeiten. Hier löste mit der Zeit ein Auftrag den anderen ab, und es wurde mir damals von einer Bank die Äußerung kolportiert, daß ich der beste wirtschaftliche Gutachter Berlins sei. Zustatten kam mir die Vielseitigkeit meiner wirtschaftlichen Praxis. Meine erste Bilanzprüfung bei einer größeren AG endete mit der Ausbootung des Vorsitzenden des Aufsichtsrates, eines Bankiers, der die Effekten der von mir geprüften Gesellschaft, die Konten und das Effektendepot bei seiner Bank führte, die Effekten aber nicht einem Effektendepot, sondern verkauft und nur einem Stückekonto gutgeschrieben hatte, so daß sie de facto nicht mehr vorhanden waren.

Allerdings ist die Quittung für mein angestrengtes Leben nicht ausgeblieben. Eines Tages erwischte mich ein Herzinfarkt am Schreibtisch. Ein enormer Schmerz, dessen Natur mir völlig unbekannt war, bis ich vom Arzt aufgeklärt wurde, der mich ins Bett steckte und dort behandelte. Vom Bett aus habe ich damals auch die fälligen Examina abgenommen. Bei Beginn der Vorlesungen, d. h. Anfang des Semesters habe ich aber meine Hochschultätigkeit voll wieder aufgenommen.

Jedenfalls war diese Tätigkeit als WP ungemein lehrreich, da man in die verschiedensten Gebiete eindrang und es dabei in der Hand hatte, in die Tiefe zu gehen. Kein Wunder, daß eine Reihe von Lehrstühlen der Betriebswirtschaftslehre an deutschen Universitäten und technischen Hochschulen mit Wirtschaftsprüfern besetzt worden sind. Das bedeutet allerdings vielfach ein erhebliches materielles Opfer. Ein beschäftigter WP pflegt ein erhebliches Einkommen zu haben. Gibt er diese Tätigkeit auf, so bedeutet dies einen entsprechend großen Ausfall seines Einkommens, außerdem aber einer sehr lehrreichen Tätigkeit, die seiner Hochschultätigkeit und auch seinen Studenten zugute kommt.

Hier muß also ein vernünftiges Kompromiß geschlossen werden. Ich bin noch heute als Wirtschaftsprüfer bestellt, nehme aber, seitdem ich an die TU zurückberufen wurde, grundsätzlich keine neuen Aufträge mehr an. Ich finde es untragbar, wenn ein auf ein Ordinariat berufener WP nun noch diese letztere Tätigkeit als WP aus materiellen Gründen voranstellt und womöglich nicht einmal seinen Wohnsitz an den Sitz seiner Hochschule verlegt, sondern sich begnügt, Vorlesungen, Übungen und Sprechstunden auf zwei benachbarte Wochentage zu beschränken. Hier sollten klare Abmachungen vor der Berufung getroffen werden.

Das Bekanntsein als WP wirkte sich bei mir auch mit der Belastung durch Ehrenämter aus. Die Berufsorganisation der WP war das Institut der Wirtschaftsprüfer e. V., das Bezirksverbände in den einzelnen deutschen Ländern hatte. In

Berlin war ich fast von Anfang an stellv. Vorsitzender des Bezirksverbandes Berlin-Brandenburg. Die „Gleichschaltung" aller Verbände brachte aber nach 1933 bewährte Nazis auf diese Posten, auch wenn sie, wie Dr. Mönkmeier, blutige Laien waren.

1945 verschwanden alle diese Gestalten; jetzt wurden aber auch alle Verbände und Organisationen aufgelöst und verboten. Ängstlich wachten die Alliierten darüber, daß keine neuen Organisationen entstanden. Andererseits brauchte man diese Berufsorganisationen dringlich. Ich, der ich nachweislich politisch unverdächtig und den Alliierten auch z. T. bekannt war, riskierte es jedoch, eine „Arbeitsgemeinschaft der Wirtschaftsprüfer Berlins" zu gründen, mit einem Arbeitsausschuß, dem ich angehörte und der gut funktionierte. Nachdem die Dinge sich konsolidierten, wurde auch wieder ein Institut der Wirtschaftsprüfer Berlin errichtet, dessem Vorstand ich eine Reihe von Jahren angehörte.

Zu den lästigen Dingen gehörte damals auch das Auftauchen von Schwindlern, die sich als WP ausgaben, ohne es zu sein. Im Vorstande des I.d.W. wurde ich beauftragt, diesen Personen nachzugehen. Wie solche Dinge liefen, mag man aus einem Falle ersehen, wo ich einem solchen Schwindler nachging. Da dieser seine angemaßte WP-Bezeichnung trotz Vermahnung nicht unterließ, veranlaßte ich das Amtsgericht Charlottenburg, einen Strafprozeß einzuleiten. Auf Grund eines de- und wehmütigen Schlußwortes des Angeklagten ließ sich der (Ersatz-) Richter rühren und sprach den Angeklagten frei. „Er würde derartiges in Zukunft unterlassen."

Er unterließ es aber durchaus nicht, worauf ich das Gericht erneut mobil machte. Diesmal lautete das Urteil für den wegen Betruges Vorbestraften auf acht Monate Gefängnis. Der Verurteilte legte Berufung ein. Zur Verhandlung war u. a. ich als Zeuge geladen. Bei der Zeugenvernehmung warf mir der Vorsitzende der Großen Strafkammer vor, ich hätte den Angeklagten verfolgt und sprach ihn auch von der Klage des Kreditbetruges frei, trotzdem der anwesende Betrogene eine klare Aussage gemacht hatte.

Am erstaunlichsten war das Urteil, das sich seitenlang mit meiner angeblichen Verfolgung des Angeklagten beschäftigte. Die Folge war, daß der Freigesprochene sich zur Anstrengung eines Schadenersatzprozesses gegen mich ermutigt fühlte und in Höhe von 42 000 DM das Armenrecht hierfür nachsuchte. In diesem Falle kam er aber an den Unrechten. Der zuständige Richter lehnte nicht nur das Armenrecht ab, sondern widerlegte ebenso ausführlich die Ausführungen im Urteil der Großen Strafkammer, soweit sie mich betrafen, womit die Angelegenheit erledigt war. Man sieht aber, wie auch Ehrenämter lästige Auswirkungen haben können.

Eine andere noch weit arbeitsreichere, allerdings erfreulichere Auswirkung meiner prominenten Berufsstellung war die erneute Herausgabe einer *Fachzeitschrift* für Wirtschaftsprüfer. Das Fehlen einer solchen war höchst störend und empfindlich. Ich beantragte daher bei der für mich nach meinem Wohnsitz zuständigen Britischen Militärverwaltung die Erteilung einer Lizenz für die Herausgabe einer Zeitschrift *„Der Wirtschaftsprüfer"*. Nach langer Prüfung durch die zuständigen englischen Stellen ist mir dann die Lizenz erteilt worden.

Ich gewann dann noch meine Hochschulkollegen Prof. Dr. le Coutre, Prof. Dr. Eich, Prof. Dr. M. Lohmann, Prof. Dr. Passow, Prof. Dr. Rogowsky als Mitherausgeber, später entsprechend dem auch das ausländische Berufswesen regelmäßig verfolgenden Charakter der Zeitschrift auch die Professoren W. T. Baxter, London, J. A. Geertmann, Tilburg (Holland) und Leopold Jlletschko, Wien. Indessen lag die Last der Redaktion, der Gewinnung von Mitarbeitern, kurz die Sorge für das monatliche Erscheinen einer ansprechenden Zeitschrift bei mir. Wie groß der Hunger nach einer Fachzeitschrift war, mag man daraus ersehen, daß nach deren Ankündigung an einem Tage allein aus Hamburg 82 WP um deren regelmäßige Lieferung ersuchten. Die Auflage lag damals über 9000 Stück.

Das Institut der Wirtschaftsprüfer, Düsseldorf, hatte ebenfalls bei der für es zuständigen Stelle um eine Lizenz nachgesucht, die es etwas später auch erhielt. Als Herausgeber dieser Zeitschrift „Die Wirtschaftsprüfung" war anfangs Prof. Schmalenbach angegeben, doch war dies wohl mehr eine nur ehrenamtliche Herausgeberschaft. Jedenfalls schied dieser nach einigen Monaten aus.

Meine Zeitschrift „Der Wirtschaftsprüfer" ist, nachdem sie volle sieben Jahre erschienen war, vom Dezember 1954 ab mit der Zeitschrift „Die Wirtschaftsprüfung" des „Instituts der Wirtschaftsprüfer in Deutschland" vereinigt worden, so daß der Beruf der WP von da ab eine einheitliche Zeitschrift besitzt. Die Herausgabe des „Wirtschaftsprüfer" erfüllte seinerzeit ein dringendes Bedürfnis. Andererseits bedeutete sie für mich bei meinem damaligen Alter von 77 Jahren eine erhebliche Belastung, so daß die Vereinigung der beiden Zeitschriften und die einheitliche Herausgabe durch die zentrale Berufsorganisation auch für mich eine erfreuliche Lösung bedeutete, wenn auch die beiden Zeitschriften einen etwas unterschiedlichen Charakter gehabt hatten.

Schließlich habe ich 1957 noch eine umfassende Darstellung über das Gebiet der Wirtschaftsprüfung geschrieben. 1957 ist mein Buch „Der Beruf des Wirtschaftsprüfers" erschienen[18]. Es war das erste seiner Art seit Begründung dieses Berufes, ist eine eingehende kritische Darstellung der Entwicklung dieses Berufes, der gelösten und ungelösten Probleme in ihm sowie der Strömungen in den unterschiedlichen Kreisen seiner Mitglieder. Unter ihnen gibt es ja die Kreise der Einzelprüfer, der Prüfungsgesellschaften und zusätzlich die nicht selbständigen Wirtschaftsprüfer, die bei Prüfungsgesellschaften oder Einzelprüfern angestellten. Das Buch ist von Dr. Dr. h. c. van Aubel, Prof. Dr. Hax, Dr. Asch, Prof. Dr. Illetschko u. a. in allen deutschen, z. T. ausländischen Fachzeitschriften ausführlich besprochen worden und gilt als ein Standardwerk des Wirtschaftsprüferberufes.

Um die Gestaltung des Berufsrechts der Wirtschaftsprüfer wird ja seit Jahren lebhaft gekämpft.

Dieser Kampf ist 1961 durch ein Bundesgesetz abgeschlossen worden, das insbesondere entsprechend der deutschen historischen Entwicklung gleichermaßen die freiberuflichen Wirtschaftsprüfer (Einzelprüfer und Sozietäten) und die Wirtschaftsprüfungsgesellschaften bestehen läßt, bei welch letzteren die Prüfungsarbeiten durch Wirtschaftsprüfer durchgeführt und die Prüfungsberichte durch sie unterzeichnet werden müssen.

[18] Koch, Waldemar, Der Beruf des Wirtschaftsprüfers, Dunker & Humblot, Berlin 1957, 318 S.

18. Epilog

Das Spiel ist aus! Ist es aus? Jedenfalls geben die vorstehenden Seiten einen Überblick über den beruflichen Ablauf innerhalb der mehr als 80 Jahren meines Lebens. Ein recht buntes Bild, dessen Mannigfaltigkeit teils durch meine Neigung nach Weite und Vielseitigkeit bedingt ist, teils aber auch durch die Bewegtheit der Welt und noch mehr durch das Schicksal unseres deutschen Vaterlandes im gegenwärtig laufenden Jahrhundert.

Gerade im letzteren Zeitraum ist der bei weitem größere Teil meines beruflichen Lebens in Berlin abgelaufen. Goethe sagt einmal, nachdem er Berlin besucht und betrachtet hatte, daß es von einem verwegenen Völkchen bewohnt wird. Nun, gerade hier in Berlin habe ich vom Anfang dieses Jahrhunderts ab in erster Linie meine Entwicklung genommen, durch Studium, Tätigkeit in der Wirtschaft, Politik, Habilitation und Bekleidung eines Lehrstuhls. Hier habe ich mich besonders wohl gefühlt. Als ich 1907/08 in Chikago lebte und mich mit einigen amerikanischen Damen unterhielt, sagte mir die Dame des Hauses: „Dr. Koch, wenn Sie von Berlin erzählen, so ist das, als wenn der Christ vom Paradiese spricht!"

Seitdem ist eine lange Zeit verflossen und ich bin seit vielen Jahrzehnten wieder in Berlin. Was ist nun das Ergebnis dieser Jahrzehnte? Über den materiellen Erfolg braucht nicht gesprochen zu werden. Das Ergebnis auf dem Gebiete der Wirtschaft ist u. a. dadurch gekennzeichnet, daß ich während einer Reihe von Jahren dem Aufsichtsrat der Allgemeinen Elektricitäts-Gesellschaft angehörte, bis ich 1961 im Alter von 80 Jahren bat, mich nicht wiederzuwählen.

Das wissenschaftliche Ergebnis liegt in erster Linie in der Berufung auf den Lehrstuhl für Betriebswirtschaftslehre an der Technischen Universität zu Berlin, den ich bis 1953 innegehabt habe.

Die höchste Anerkennung sehe ich aber in der Verleihung des Dr. oe c. h. c. durch die Hochschule für Wirtschafts- und Sozialwissenschaften Nürnberg, ferner in der Ernennung zum Ehrenmitglied des Verbandes der Hochschullehrer für Betriebswirtschaft e. V., ferner zum Ehrenmitglied des Verbandes deutscher Wirtschaftsingenieure e. V.

Der geistige Ertrag liegt in den elf Werken, die ich in den Jahren 1907 bis 1962 veröffentlicht habe, davon vier seit meiner Emeritierung. Ein letztes Werk, „Aus den Lebenserinnerungen eines Wirtschaftsingenieurs", habe ich in meinem 80. Lebensjahr geschrieben, fast völlig aus dem Gedächtnis.

In zwei wissenschaftlichen Wettbewerben, an denen ich mich beteiligte, habe ich beide Male an erster Stelle abgeschnitten.

Den Rest meines Lebens gedenke ich in meinem schönen Heim in Berlin-Dahlem zwischen meiner Terrasse, meinem Arbeitszimmer und meiner Bibliothek zu verbringen. Wenn ich vom Schreibtisch aufblicke, sehe ich dann ein anderes Leben, wie Finken, Kohlmeisen u. a. ihr Futter holen oder Eichhörnchen graziös in den Bäumen turnen.

Schriftenverzeichnis

1. Die Konzentrationsbewegung in der deutschen Elektroindustrie, Dissertation (Universität Berlin), München 1907, R. Oldenburg, 119 S.
2. Die Industrialisierung Chinas, Dissertation (Technische Hochschule Berlin) 1910, Julius Springer, 102 S.
3. Handelskrieg und Wirtschaftsexpansion, Jena 1917, Gustav Fischer, 282 S.
4. Das Abzahlungsgeschäft in Handel und Industrie und seine Finanzierung, Berlin 1931, Julius Springer, 182 S.
5. Die Krise des Industriebetriebes, Berlin 1933, Junker und Dünnhaupt Verlag, 102 S.
6. Zwecksparen und Zwecksparunternehmen, Berlin 1935, Carl Heymanns Verlag, 471 S.
7. Hochschulprobleme, Berlin 1956, Duncker & Humblot, 89 S.
8. Grundlagen und Technik des Vertriebes, II. Auflage, Duncker & Humblot, Berlin 1958, Bd. I 731 S., Bd. II 538 S.
9. Die Entwicklung der deutschen Teilzahlungswirtschaft seit 1945 und ihre Problematik, Berlin 1956, Duncker & Humblot, 138 S.
10. Der Beruf des Wirtschaftsprüfers, Berlin 1957, Duncker & Humblot, 318 S.
11. Aus den Lebenserinnerungen eines Wirtschaftsingenieurs, Köln und Opladen 1962, Westdeutscher Verlag, 133 S.

GPSR Compliance

The European Union's (EU) General Product Safety Regulation (GPSR) is a set of rules that requires consumer products to be safe and our obligations to ensure this.

If you have any concerns about our products, you can contact us on ProductSafety@springernature.com

In case Publisher is established outside the EU, the EU authorized representative is:

Springer Nature Customer Service Center GmbH
Europaplatz 3
69115 Heidelberg, Germany

Batch number: 10584556

Printed by Printforce, the Netherlands